布局

中国科技创新的道路与抉择

倪光南　陈劲　贺俊　张乐　等◎著

经济日报出版社

图书在版编目（CIP）数据

布局：中国科技创新的道路与抉择 / 倪光南等著
. -- 北京：经济日报出版社，2021.12（2023.3 重印）
ISBN 978-7-5196-0808-8

Ⅰ．①布… Ⅱ．①倪… Ⅲ．①技术革新－研究－中国
Ⅳ．① G322.0

中国版本图书馆 CIP 数据核字 (2021) 第 172758 号

布局——中国科技创新的道路与抉择

作　者	倪光南　陈劲　贺俊　张乐 等
策划编辑	刘　畅
责任编辑	黄芳芳
责任校对	梁沂滨
出版发行	经济日报出版社
地　址	北京市西城区白纸坊东街 2 号 A 座综合楼 710(邮政编码 :100054)
电　话	010-63567684（总编室）
	010-63584556（财经编辑部）
	010-63567687（企业与企业家史编辑部）
	010-63567683（经济与管理学术编辑部）
	010-63538621 63567692（发行部）
网　址	www.edpbook.com.cn
E - mail	edpbook@126.com
经　销	全国新华书店
印　刷	北京虎彩文化传播有限公司
开　本	880mm×1230mm　1/32
印　张	6.625
字　数	120 千字
版　次	2022 年 1 月第 1 版
印　次	2023 年 3 月第 2 次印刷
书　号	ISBN 978-7-5196-0808-8
定　价	48.00 元

总 序

洞见中国经济发展的趋势与未来

谁都知道2020年是中国乃至世界经济最困难的一年，但2021年全世界依然过得并不容易，一边经济在恢复，一边仍受到疫情的侵扰。虽然世界经济确实在2021年出现了恢复性增长，但2022年以后世界经济到底是个什么样子，我们还不敢确定。毕竟国际货币基金组织在2021年最后一期《世界经济展望报告》中预测世界经济增长的同时给出两个警告：一是随着美联储和其他央行收回其在疫情期间提供的支持，全球股票价格和房屋价值面临骤降风险。二是受疫情影响，全球供应链关键环节中断且中断时间超预期，全球通胀上行风险加剧。在这种情况下，中国经济会怎样运行呢？

相比于其他国家，中国经济增长还是有确定性的，截止到我写序这一刻，我国2021年前三季度国民经济持续恢复发展，国内生产总值达到823131亿元，同比增长9.8%。但是，我们仍然不能忽略“当前经济恢复不均衡、基础不稳固”这样一个基本事实，而且这个事实可能要持续一段时间。所以，我们现在“要用好稳增长压力较小的窗口期”进行科技创新和供给侧结构改革，“强化国家战略科技力量”“增强产业链供应链自主可控能力”“坚持扩大内需这个战略基点”“构建以国内大循环为主体、国内国际双循环相互促进的发展新格局”和“构建高水平社会主义市场经济体制，实行高水平对外开放”。

与此同时，我们不回避中国经济面临的内生性增长不够的问题，也不回避新冠疫情和中美关系等诸多严峻而复杂的外部因素对中国经济的拖累，而是客观地、立体地去探讨中国经济发展的确定性和不确定性，引导我们的政府、企业和个人正确地看待和判断中国经济发展趋势，既不要因为中国经济的确定性增长而忽略了自身不确定性的风险，也不要因为自身面临的困难而看淡了整个中国经济的前景，在不确定性中寻求自己的确定性是每个地方政府、每家企业和每个人的必修课，课程之一就是经济日报出版社出版的“中经丛书”。

“中经丛书”由经济日报社主管主办、经济日报出版社出版的《中国经济评论》杂志精心打造。作为一个重要经济评论阵地，《中国经济评论》自然要担当起思考先行者的角色。于是，这个在疫情之年逆势诞生的新杂志以杂而不杂、热点聚焦的主题评论方式呈现在读者面前。杂而不杂的“杂”体现在不同的经济学专家（包括权威官员）和不同的经济观点同时出现在同一期杂志中，形成“前沿观察”“中经智库”“趋势洞见”“环球视野”等栏目；“不杂”体现在无论哪一位专家或官员、无论哪一个栏目和观点都围绕一个经济热点或主题展开。于是，一个眼界更开阔、思考更纵深、评论更立体的畅读体验开始了。同时，也为我们今天出版的“中经丛书”奠定了基础。

因为每期《中国经济评论》杂志都聚焦一个经济热点问题，这便为独立成书提供了深邃的思想和完整的体系。于是，我们在“聚焦构建双循环”“聚焦资本市场”“聚焦科技创新”“聚焦近景远景”的基础上进一步拓展为“中经丛书”，先期推出的是《论局——双循环的机遇与挑战》《谋局——中国资本市场的变革与突围》《布局——中国科技创新的道路与抉择》和《新局——中国近期规划与远景目标》，后期还将结合供应链产业链、扩大内需和高水平的社会主义市场经济等紧扣经济前沿的深度作品。我们希望，通过继续加强媒体融合、书刊联来丰富我们的“中经丛书”。也让更多关心中国经济发展趋势和未来的有识之士们，能够多一个洞见中国经济发展趋势与未来的重要窗口。

经济日报出版社社长

2021年11月15日

序

筹谋中国科技创新的当下与长远

如果不是近几年来以中兴、华为为代表的中国企业遭受了来自美国及其所谓盟友的不合理的针对与"制裁"，芯片研发、光刻机等我国不占主导优势的领域，远不会提升到今天的重视程度。警钟敲响之后，中国的外向型企业都面临着相似的危机感：实力强大如华为尚且如此，一个普通企业又将如何自处?

实现基础创新层面的赶超和引领的目标绝不可能一蹴而就，这是一个全盘考量的系统工程。

是时候对我们的科技创新，尤其是对基础创新的实力与水平进行重新审视了。

根据2020年世界知识产权组织公开的国家、地区创新指数排名，中国的排名与2019年一样，位居世界第十七位。这一指数的排名标准，涵盖了学术论文、专利申请量等硬性标准。从中也能够看出，我国在过去几十年中科技创新所取得的长足进步，同时也涌现出了像华为这样的创新型优秀企业。

但与此同时我们也不得不承认，我们在一流原创成果的创造上与美国、英国等老牌资本主义国家之间还存在着不小的差距。也可以说，尽管我们已取得了令世界瞩目的发展成就，但与我们的经济规模和地位相比，科技创新水平还远远不够。

通过中国在芯片制造等领域所面临的“卡脖子”困境也能够看出，这种差距在中国成为世界第二大经济体之后，尤其是与曾经引领世界的国家产生越来越广泛的竞争关系之时，就很容易成为它们的"武器"，继而以之极尽所能地防止中国的成长和壮大。

总体而言，所谓的“卡脖子”技术都表现在令华为等企业如鲠在喉的芯片、光刻机制造层面，但跳出技术、工程层面就会发现，其根源还在于科学技术的基础研究。以我们引以为傲的手机制造为例，全球销量排名中，华为、小米、OPPO和vivo等厂商均名列前茅，但在核心的芯片、操作系统上，都是高通、谷歌的身影。

有一个形象的比喻认为，我们的一些创新实际是把房子建设在别人的地基之上。这种建筑即使再富丽堂皇，也难免会受制于人。从基础创新的重要性而言，我们显然不希望看到所有的科技工作者都把精力放在装饰这栋华丽的建筑，而没有人去研究如何构建一个足以支撑更多华美建筑的地基。

从国际竞争环境来看，当下我们所面临的困境尚处初始阶段，未来的挑战将更加空前。正因如此我们才更加期望，我们的企业未来不会再因创新实力等因素而被不平等地对待，也不会在市场竞争中被处处掣肘。

当然，我们也深知要实现基础创新层面的赶超和引领的目标绝不可能一蹴而就，这是一个全盘考量的系统工程。决策层面高瞻远瞩的顶层设计，教育体系的改革与筹谋，企业层面的探索与创新等，都应该是这一工程的应有之义。

放眼国际，立足中国，在科技发展层面我们还有很多的工作要做。经济学家与分析人士对这一点也早已达成了共识：只有真正意识到这些问题的症结所在，才能找到我们基础创新的源动力和找到能够真正解决困难的有效方案。

《布局——中国科技创新的道路与抉择》一书的策划和出版，也是《中国经济评论》立足于中国经济与科技发展现状，尤其是针对我们当前发展中面临的焦点、难点和堵点而进行的。我们迫切地希望，中国科技能够在面对部分国家在科技层面的封锁和围堵时，通过聚焦中国科技发展的现状与实际，找到一条涵盖协作共赢和自主创新思维的突围之路。

张兴华

《中国经济评论》杂志主编

2021年11月11日于陶然亭

目　录

第一章
创新的战略机遇期

科技创新成为国际战略博弈的主要战场，围绕科技制高点的竞争空前激烈。必须保持强烈的忧患意识，以充分的思想准备和工作准备抓住新一轮科技革命和产业变革的机遇。世界技术创新正处在一个周期的交界期、调整期和未来的孕育期，这恰恰是我们大踏步赶超的环节。而且，任何一个赶超过程中，核心技术、关键技术都不是偷来的，不是模仿出来的，而是靠自己研究出来的。

全球技术周期视角下的中国创新机遇期

创新是引领发展的第一动力。习近平总书记在经济社会领域专家座谈会上指出，要以科技创新催生新发展动能。实现高质量发展，必须实现依靠创新驱动的内涵型增长，大力提升自主创新能力，尽快突破关键核心技术。

“全球技术周期视角下的中国创新机遇期”是一个非常重要的话题。世界科技创新、产业创新到底处于什么样的阶段？中国有哪些机遇？如何看待中美贸易摩擦引发的技术战？本文有如下四个观点：

第一，产业周期和技术周期表明，世界创新并不乐观。新技术范式的大突破和颠覆式技术创新在近期依然是美好的愿景，我们难以依赖技术革命引领全球经济在近期走出低迷。

第二，目前全球技术发展实际上处于旧周期和新周期的交接期或孕育期，这预示着当前革命性变化不会马上出现。但恰恰在这种孕育期里，中国存在加速赶超和局部赶超的可能性。

第三，中国已经出现加速赶超和局部赶超的迹象，未来不悲观。

第四，基础研究带来的核心技术突破及大市场所孕育的应用型技术创新依然是我们关注的重点。特别是在全球新技术周期的孕育期，我们的关注焦点应该在政府主导的基础研究和市场导致的产业技术创新上。

世界马上会迎来大的技术革命和产业革命吗？我们可以从几个理论来得到一些启示。

第一，从各类长波理论看，我们发现停滞期和技术孕育期在15年左右，特别是下行期比上行期漫长。所以我们认为从金融危机爆发以来，即2008年以后的15年左右，甚至20年，它应该是一个技术的孕育期和深度调整期。第一个是康德拉季耶夫的技术周期，它是50年一个轮回的技术周期；第二个是戈尔茨坦的理想长波理论，基本上也是50年一个轮回。有很多霸权周期也反映了这个现实，每当经济危机爆发之后，往往都会迎来一次技术、贸易、投资各个方面的低迷时期。有人把这个低迷期叫作马尔萨斯陷阱期。大家认为，市场经济一共经历了三次马尔萨斯陷阱。第一次是在1840年到20世纪初期，有欧洲工人运动、《共产党宣言》的出现。第二次是20世纪上半叶，爆发了第一次世界大战、十月革命和1929—1933年大危机。第三次是2008年的全球金融危机，这是继1929年、1933年对全球经济震荡最大的一次经济危机，这次危机直接导致低增长区间的马尔萨斯陷阱。更重要的是，我们从技术周期本身来看，每一次经济危机都是上一轮技术革命的产物，预示世界正处于迎接下一轮技术革命的拓展期和缓慢期。

在学习西方经济学的时候，一般不讨论技术进步、技术变化的规律性，但是清华大学经管学院早期的老教授，最出名的就是搞技术经济学的。在技术变化规律性里面有一个理论——马克思主义理论，学经济学理论就知道经济危机的爆发是因为生产力冲击导致生产关系、上层建筑与之不相适应。因此，每一次大的技术冲击往往会带来结构性变化。如果用熊彼特理论来讲，这就是一个毁灭性创造。因此，每一次危机都预示着前一轮的技术冲击开始了全面扩展、全面破坏的阶段，它打破了过去的生产关系，打破了过去的利益结构，它在要求这个社会进行重构。因此，经济危机的爆发马上就会预示着新一轮的技术革命吗？从理论上来讲不会，因为它说明上一轮的技术高潮刚刚过去。

从历史来看，没有哪一次经济危机是由马上到来的技术革命、产业革命把它带出困局的。具体来看数据，现有数据均表明技术创新的速度在21世纪初已经开始递减。

1990—2006年，除了一个行业——应对气候变迁的技术专利是增长的，增长速度是提升的，其他各个领域都是下降的，比如生物技术、网络和电信、纳米技术，21世纪初都比20世纪90年代的增长速度慢很多。我们上一轮的技术革命发生在20世纪80年代末到整个90年代，技术革命有一个很重要的现象叫作蜂聚现象，在ICT（信息与通信技术）行业里有一个规律叫作摩尔定律。摩尔定律在2008年以后出现了一个强烈的边际递减，现在大家认为摩尔定律已经不成立了。专利的申请量也发生了递减，更重要的是世界性专利的变化及各个行业的变化也是如此。20世纪90年代是专利技术出现蜂聚现象的核心年代，到现在已经开始负增长。

一些最新研究发现，新技术的传播速度在诞生10年或15年后达到高点，后文我们讨论技术变化和革命的规律时也会看到这个规律。20世纪80年代的ICT革命已经创造了二十多年的黄金技术扩展和产业的辉煌期。因此，目前的互联网革命，包括2G（第二代移动通信技术）、3G（第三代移动通信技术）、4G（第四代移动通信技术）、5G在本质上属于什么时代？很多人认为还是ICT革命的时代。云计算、物联网依然是由计算机加网络体系延伸出来的一系列发明创造。如果从专利、理论、基础理论、关键论文的变化来看，目前的专利增长速度与20世纪80年代、90年代是难以匹敌的。不过现在的媒体效应太强烈，“金融化”+“媒体化”+“互联网化”，导致我们不断在感官层面强化技术革命的浪潮。我们复杂的利益诉求掩盖了事实的真相，我们在世界经济持续低迷的时候总有一个美好的愿望：技术革命带领我们走出低迷！随着我们愿望的不断落空，我们对新技术的渴望甚至转变成为一种焦虑。

第二，全球研发费用也出现了持续变化。在金融危机之后，全球GDP增速下降，全球研发增速也出现明显下降，最近研发的支出增速才有所回升。在2008年之后，经合组织发达国家的制造业和服务业研发支出下降的速度更快。即使近期研发有所复苏，主要也是商业研发投资复苏比较快。研发包括几大块：一是基础型研发，二是应用型研发，三是试验型研发。试验型研发大部分集中在商业开发中。技术革命、产业革命首先要在基础研发上有大的投入、大的产出，然后在应用型研发上要有剧烈的变化，最后才是在商业化环节有所体现。但是目前是倒置的金字塔，这样一种商业研发的支撑力并不大。研发再加上现代金融，使商业研发的投入成为金融泡沫和科技神话助推的关键力量。这些年来，我们在一些上市公司和一些核心区域所看到的科技泡沫，已经成为近20年来重要的泡沫之一。大家利用科技预测、科技前瞻性来谋求资本获得，这个也需要关注。

同时，企业创新主要集中在产品和生产流程、组织和市场营销方面，也就是说核心技术并不是非常多。另外，服务创新正在成为全球价值链竞争核心。大企业所专注的领域很集中，基本沿袭了传统路线，没有发生根本性变化。目前第一块还是信息通信技术，第二块是健康与食品，然后是制造业、交通防护等，金融也在其中。我们对关注度最高的前40种技术进行分类，发现200家世界最大的投资企业所关注的投资领域有五个：第一，软件与计算机服务；第二，汽车与零部件；第三，技术硬件与设备；第四，工业工程；第五，健康护理设备与服务。大家会发现，在企业商业性研发里延续了过去的路径，并没有发生路径的重大变化。而中国的商业研发路径已经发生了重大，甚至是革命性的结构变化。新技术加速增长的四大领域主要是：第一，缓解气候变化的技术；第二，健康与食品安全；第三，信息与媒介技术；第四，新制造业。这里面的顺序是化学、纳米技术、合成材料、新材料、3D打印与激光技术。

第三，技术进步对于经济增长的作用下降。索洛悖论是索洛在20世纪70年代末、80年代初对技术革命进行的测算。他很重要的一个测算就是对索洛余值TFP（全要素生产率）的测算。测算的结果是20世纪70年代末、80年代初，技术对于TFP的提升没有贡献。所以他说了一句很知名的话："人人都在谈技术，但唯独在增长上没有见到它的影子。"目前，这种现象又出现了。对世界上几个主要国家的TFP增长速度进行测算就会发现，从20世纪五六十年代达到峰值之后，各国的TFP增速一直在下降，到了90年代才有所缓和。美国的TFP增速从1985年开始出现反弹，但欧元区是直线下降。另外一个很重要的测算结果是，高技术对于TFP值的贡献快速减少，整体的TFP值在21世纪之后出现强势下降，而高技术对于TFP值的贡献在2003年之后减少得更厉害。

我们国家在20世纪90年代和21世纪初，一直到2008年之前，TFP值都不错，唯独2008年金融危机之后是负增长状态，最近两年TFP值开始正增长。我们有一些测算制度变化的指标，也有技术性指标，把这两个指标进一步分解后发现，有制度改革的贡献，也有技术进步的贡献。但还有一点很重要，那就是目前TFP值的反弹还不足以支撑中国经济增长的马车。我们常讲新旧动能转换目前初步取得了一些成绩，但是新动能还远远不能取代旧动能来全面推动中国经济迈向高质量发展阶段。

2020年，有几位日本学者做了一个很重要的研究。他们的研究发现，研发投入对于整个世界的TFP值在近十年来的作用明显下降。为什么近期增长乏力？有很多人讲我们的研发投入在减少，研究者通过对一些变量进行控制重新测算发现，不仅仅是研发投入本身在减少，研发推动效率提升的作用和它的边际效应也在减弱，这个可能是我们需要关注的。欧美的劳动生产率下降也比较快，劳动力分解这些年是历史上最低的。因此从经济角度、产业角度、专利角度，我们能得出目前是处于技术革命、产业革命时期的结论吗？肯定得不出来。

回顾一下刚才对几种理论的推演我们认为，2008年美国金融危机爆发导致整个世界经济危机的爆发，使世界经济陷入长期停滞的状态，预示着上一轮技术革命的调整期已经开始，下一轮技术革命的孕育期也刚刚开始，这是最简单的结论。判断技术革命、产业革命的到来有几个大要件。第一个要件是，基础科学理论有没有重大的突破。一个很重要的指标是基础领域的关键性研究有没有一些重大突破。有人讲量子领域有重大突破，生物技术领域有一系列的重大突破，人工智能领域里一些基本性原理有重大突破，但是按照目前原创性重大突破论文数量的统计，我们目前处于一个低迷期。

我们经常看到《自然》和《科学》对很多重大领域的基础理论总结，你会发现有些总结每年看都是乏善可陈。同时，世界各国都在进行技术展望，预测未来有哪些技术会有重大突破。很多技术部门，包括一些专家和很多网站也愿意做这样的预测和展望。其实这种展望是不负责任的展望，因为谁都可以展望。实际上，基础科学理论的突破好像并没有像很多人所想的那样。有一次，一个重要部门组织很多专家开会，其中很多人是院士，只有笔者一个人是学经济学的。笔者听了他们的讨论后就提问，到底我们的基础理论有没有重大突破？ 都说不出来。今年暑期笔者的团队在全国展开了很多调研，特别是在战略性新兴行业所布局的重点区域进行调研。我们到青海调研新能源的发展，这里的新能源目前的确做得很好，比如说光伏产业、光热产业、热核产业，并且很多都不靠国家补贴在自行运转。笔者问这些基础技术理论是什么时候取得突破的。他们讲，这些基础理论在20世纪60年代、70年代就有了。笔者又问他们在原来欧美基础理论基础上的技术突破是什么，他们说主要是工艺和成本控制，其他的没有。

笔者有一个学生在青海投了一个10亿的光热项目，那简直就是人间的奇观。几十万个光热板对着一个发电塔和发热塔，把太阳光折射到发热塔，发热塔发热之后就开始发电。笔者参观完之后大致知道原理是什么，因为这些原理高中生也能理解。我问他的贡献是什么，他说贡献很简单，就是规模化，然后使成本降下来。原来西班牙也在做这个项目，但西班牙只能做到几万个太阳板，现在他做到几十万个，就能把成本降下来了。

第二个要件是，在基础理论突破基础上重大技术和工艺的突破。

第三个要件是，是否出现了专利和应用性技术的蜂聚现象。

第四个要件是，商业化转化出现加速现象。

第五个要件是，经济持续增长，经济组织和社会模式发生重大变化。

所以我们判断，一种技术革命、产业革命往往需要这五大要件，如果这些要件一个都不成立，那我们可能就要反思一下。

ICT的发展路径从1958年集成电路出现一直到我们讲的2G时代，足足用了近40年的时间。在40年前，人们做出了原创性的重大理论突破。工艺上的突破是20世纪80年代个人电脑的出现。专利技术上的蜂聚现象是20世纪80年代末和90年代。社会组织上的重大变化是20世纪90年代、21世纪初。所以很多人说，目前大家所讲的很多新技术、新革命可能就是第三次技术革命或第四次产业革命的尾潮。

全球市值前十公司的变化方面，1990年的时候是以电信、银行、汽车为主体，到2000年微软排在第一。2019年微软、苹果等与互联网相关的ITC企业独霸前几名。未来，我们依然会看到以ITC为主体的企业在经济社会中的革命性浪潮。

因此，我们的结论是，新一轮的产业革命需要等待，而不是像很多人想象的，我们已经步入第四次产业革命，甚至是第五次、第六次革命（不同的专家划分不一样）。原因就是刚才所讲的几个方面。目前是停滞期、孕育期、调整期，依然是前一轮技术革命的余浪，甚至包括5G，都是前一轮技术革命的余浪。这是我们对世界形势的定位。

中国的机遇何在？前沿技术并不像很多人讲的那样发展得如火如荼，产业革命正在孕育！一个重要的启示是：如果发现兔子在睡觉，乌龟就要赶快追赶。中国这些年跑得很好，首先就是21世纪以来专利和高水平论文呈现出加速赶超。2018年中国专利申请受理量达到432.3万件，同比增长19.1%，连续8年名列世界第一。很多人说中国专利水分多，但你想想原来1万件的时候水分也多，数量也不行，现在我们至少把数量赶上来了。2018年全球专利数达到20.53万个，相比2017年增长3.9%，这个增长速度比较慢，原来都是百分之十几，高的时候达到20%的增长。2018年的专利数美国第一，有5.6万个，中国已经达到5.33万个，只比美国低一点。世界知识产权组织预计，未来数年中国的专利数量要超过美国，这也是美国恐慌的一个重要原因。

世界经合组织在2017年做了测算，认为2018年按照购买力平价进行测算，中国的研发费用已经超过了美国，这也是美国很难容忍的一个原因。即使在2014年经济比较紧张的时候，我们的研发投入都保持10%以上的增长速度，而全世界只有百分之三点几的增长速度，很多国家的研发增长还是负的。因此，中国的经济体量已经发生了一些质的变化，技术交易和高新技术的进出口总额已经达到世界第一的水平。比如2018年高新技术产品进出口总额达到1.41万亿美元，占我们进出口总量的 30%。中国已经成为一个高新技术产品出口的国家，这就颠覆了很多人的观念。以前我们的出口产品中，第一是机电产品，占50%以上；二是八大类劳动密集型产品，即传统意义上的鞋袜、衣服等，占20%以上。从技术和市场份额的分布来看，中国制造目前已经在世界上占据非常可观的位置。如光伏面板，中国厂商提供的部件是75%～85%；高铁产品占79%～90%；数字支付、电子汽车占60%；货船占40%。中国企业在中国的份额和在世界其他地方的份额占比已经非常之高。习近平总书记在几次会议里多次谈到中国这种超大体量的市场和超大体量的技术潜力。中国的研发也一样，目前美国的年研发费用是5000多亿美元，我们是4100多亿美元，达到了美国的80%。世界经合组织按购买力平价进行测算，得出我们是超过美国的，因为按照购买力平价测算，2013年中国就超过了美国的GDP，当时按购买力平价测算，中国的GDP是23万亿美元，美国是19万亿美元。而美国GDP达到21万亿美元，我们的GDP估计要达到24万亿美元，这里是按现行汇价。

从研发投入的结构看，中国的基础研究占比太低，而美国的基础研究占比较高。目前，我们试验发展的研发支出已经超过美国了。这是大家要关注的几个方面，一个是试验研发占比达到83%，企业支出占比达到76%，政府支出占比达到20.2%。很多人说我们的研发是政府主导型，虽然可以这么说，但仅用政府主导型来概括目前的研发发展模式是不准确的。我们是政府引导、市场发力的一种模式，这个转变是从2008年开始的，转变得非常明显。

在国家与私人公司研发投资排名中，2017年第一位是美国，投资5110亿美元，中国是4520亿美元，日本是1660亿美元，日本跟中国的竞争基本上已经不在一个平台上了。一些私人公司很厉害，三星公司投资160亿美元，阿尔法公司投资160亿美元，这两家公司的投资水平跟瑞士一样。华为投资140 亿美元，跟澳大利亚一样。目前由超级公司、平台公司主导的研发模式、研发投入模式是世界上的一个新趋向。

中国劳动生产率异军突起，2009—2014年劳动生产率的提升速度为8.15%，2001—2007年加入世贸组织后提升得更猛，这主要是靠技术提升。但是，我们在一些核心领域的投入力度并不理想，差距很大。和其他一些国家相比，我们研发投入的密度及在关键领域里面的投入力度相对偏小。

用一个参数显示技术领域，如果大于1就表示在技术领域的竞争中表现是不错的。中国大于1的主要集中在电信、数字通信、计算机技术等领域，在其他领域中很少。2015 年，知识产权组织划分了35个技术领域，我国发明专利高于国外的有28个，而在光学、发动机、运输、半导体、技术程序、音像技术和医学技术等领域仍差距巨大，也就是在关键领域差距很大。最近有人专门把车床，特别是精密车床行业20年来的变化进行了比较，发现我们在中高端车床领域与世界的差距没有缩小，反而扩大了。因为在20世纪90年代，世界十大车床企业我们有两个，一个是沈阳车床，一个是大连车床，到现在一个都没有了。大连车床已经破产，沈阳车床基本上处于半停滞状态。由于我们对大量中高端产品都采取进口，而自身的基础性工艺、基础性研发没有跟进，这些企业无法满足国内的市场和产业需求，所以才落到如此地步。

刚才讲到通信技术领域变化很大。对德国专利数据公司2018年底发布的5G专利报告进行梳理后发现几点内容。

第一，SEP（标准必要专利）华为名列第二，第一位是三星。在5G标准技术里贡献最多的是华为，然后是爱立信。中国企业上榜的还有几个，比如中兴、中国电信科学技术研究院、中国移动，这说明我们在弯道超车上有很大的进步。有些人认为美国可能不研发5G，会直接研发6G。这其中是不是有一些玄机呢？因为我们不研究技术，所以不知道这些。

第二，区域分布和企业分布开始良性化。长三角、珠三角、京津冀的产业开始向中西部进行扩展。目前很重要的研发区域是中三角，即武汉、西安、成都。这个中三角孕育了几个指标，一是独角兽增长非常快，二是瞪羚企业增长很快，三是发明专利数量也增长很快。

第三，这些年战略性新兴产业获得了一些突破性成果，特别是在专利文献方面，中国的赶超非常明显。但深入研究可以得出一些基本结论。一是科研产出与投入总量上的赶超，使得中国有可能在某些技术领域率先实现前沿创新与突破。二是总部位于美国和欧盟地区的公司在大多数的技术类别上占有优势。例如，测量、生物材料、医疗技术、有机化学、生物技术、医药、食品化学、基本化学、化学工程、环境技术、机械工具、机械原件、民用交通工程等。三是上述技术类别很多涉及环保、生物工程等领域的基础性技术。在这些领域，中国还是处在模仿赶超的阶段。四是中国企业主要在信息通信技术相关的四个技术类别具有优势，包括电信、数字通信、基础通信和计算机技术。这些领域实际上是这些年来世界前沿技术的主要进步领域。五是在这些领域我们的主要竞争对手是韩国公司，我国在这些领域的发展需要首先超越韩国。

赶超的原因到底是什么？一个很重要的原因就是以人力资本为基础的第二次人口红利。第一次人口红利靠农村剩余劳动力的转移，一般认为拐点出现在2006—2008年，叫刘易斯拐点，第一次人口红利开始消减。目前整个人口红利处于一个加速消减期，抚养比在2011年达到最低点，劳动人口数在2013年达到最高点，流动人口数在2014年达到最高点。同时65岁以上老人达到18%，老龄化加速现象已经开始出现。适婚人数在2013年也达到最高点。这些人口变化直接带来的是储蓄率在2011年达到最高点。这是我们讲的第一次人口红利。

第二次人口红利会大规模出现，一个十分重要的因素就是有技术提升的大量产业后备军！本科生失业率和更高学历的失业率都不低，失业率最低的是文盲和小学，这有点颠覆大家的基本认知。原因是很多属于自愿性失业、摩擦性失业，当小工的人只要愿意出卖劳动力就永远不会失业。未来人工智能的发展将会使就业格局发生变化，有两类人容易就业：第一类是搞研发的人，第二类是机器不可替代工作的人。而处在这两类人中间的人，就业机会有可能大幅减少。现在，农民工工资与大学生新入职的工资水平开始拉近。2016年农民工基本工资是3200多元，而大学生的入职工资是3400多元，这意味着每年毕业的800多万大学生未来要跟农民工抢饭碗。这意味着受过高等教育和一些有专业技能的劳动力开始替代以初高中文凭为主体的农民工群体。这个替代会导致研发人员薪酬、技术工人薪酬维持在较低水平，从而构建起中国第二次人口红利。

在美国跨国公司海外分支机构研发人员薪酬排行中，中国的研发薪酬是排在倒数第三位的，也就是美国跨国公司在中国的研发成本很低，这是我们的优势。从20世纪80年代改革开放到2008年，我们就是靠剩余劳动力带来的劳动力成本低下，迎来了中国制造的浪潮。下一步我们的技术提升很重要的依存，一个是依靠自身技术的研发和投入，另外一个是低劳动力成本。

不仅仅有第二次人口红利，更重要的是创业后备军很庞大。2019年本科毕业生是817万人，2020年是874万人。如果按照国家统计的科技人力资源，科学研发人员已经达到7000万人，而美国的工程师只有2000多万人。前些年笔者到北美一些国家给他们讲中国的教育，这些年培养了多少工学、理学、人文类大学生，数字说出来把他们吓一跳，因为我们一年毕业的大学生就相当于他们一个国家的总人口。更重要的是目前世界的研发格局也发生了很大变化，原来它是一个三角形：美国在上端，集中于研发和金融；德国和日本在中端，集中于高端制造；中国和印度在底端，集中于制造业加工和服务加工。但是，现在从全球价值链的角度来讲，中国已经开始全面替代日本和德国，跟美国基本上平起平坐。

中国和印度是向美国输出技术创新人员最多的国家，印度每年是44.4万人，中国每年是35.6万人。这个循环近年来已被打破，每年输出的高技术人才基本上是50多万人，输入人口开始有20多万人，这个对我们的技术发展影响很大。在美国的很多领域，比如计算机行业、电子行业、化工行业、药物行业里，非欧美族裔的创新者占比很高。最近中美贸易摩擦所引发的技术战、人才战会引起未来结构性的剧烈震荡。

我国的总体创新环境在加速改善，创新产出也在加速增长。

据我们自己测算的中国创新指数，2014—2015年的创新产出指数是加速上扬的。在相关的各类参数中，创新环境指数上升得最快。其次是我们的产出指数上升也非常快。另外，瑞士的一个研究机构也公布了最新的全球创新指数排名，该排名中瑞士蝉联第一，中国排名继续飙升，从2018年的第17位上升到第14位，成为前20名中唯一的中等收入经济体。在这个指数中，可以看到中国的创新效率在全球名列前茅。中国在中等收入国家里排名第一，但投入指数排在第26位，产出指数排在第5位，相对应的产出效率在全球也是非常高的。当然，对这个创新指数也不能简单化地认识。同时，还有研究公布了2010—2017年一些专利和相应的专利出版物的变化。中国总共公布了92万项专利，在药物领域公布了21.5万项专利，超越美国，位列世界第一。美国生物行业和医药行业人士对在华专家进行了铺网式审核，这个审核主要基于他们的主观判断，那就是这些专利增加使他们总以为中国偷取了美国的一些专利，他们认为他们的很多专家，特别是华裔专家把这些专利偷偷送给中国了。这些想法都是毫无根据的。当然，个别打擦边球的可能有，但不可能存在系统性行动。最近我们查出医药行业的高倍发文和专利技术造假问题，学风问题和科研造假问题也很突出。成绩是有的，但问题也有。

目前中美贸易摩擦引发的技术战是我们高度关注的核心问题。中国人民大学的相关团队也在研究，但研究这个最有优势的是清华大学，因为人民大学主要搞人文，对技术战的细节到底是什么样讲不清楚。很多技术变化不能简单从专利变化、产业变化、论文数变化来观察，需要很多领域真正懂行的专家共同研究，才能做出一些科学的判断。目前有很多内部材料对“卡脖子”技术进行了专门梳理，有些团队已经梳理出34大类“卡脖子”技术，然后把这些“卡脖子”技术的技术链、产业链、核心突破点都分析出来，供大家研究所用。

这些东西弄出来以后，特别是在网络上散布以后，一般老百姓就产生一些恐慌，认为美国在这次贸易摩擦中引发的技术战和人才战会产生强烈的效应，我们现代化的进程可能会大打折扣。笔者认为这样的担忧是不必要的。我们不懂科学本身的变化，但我们可以研究科学史。我们研究的重要案例是1871—1945年德国技术的赶超进程，我们还把各个模式的赶超进程都研究了一遍，包括美国、日本、韩国，最经典的是德国。在“一战”前夕，德国入侵比利时，世界各个国家都对德国进行谴责，同时所有国家对德国科学界发起了全面制裁，要求当时世界上顶级的杂志、最重要的协会和一些国际论坛与技术合作把德国科学家全部排斥在外。当时德国所建的实验室、大学的研究所是全世界最先进的，但是在1871年俾斯麦统一德国之前，德国的技术水平一塌糊涂。当时美国、英国、法国、俄罗斯都加入制裁德国的行列，最后德国的技术和科学进步中断了吗？没有，反而发展得更好！这是我们需要反思的。原因很简单，在任何一个赶超过程中，核心技术、关键技术都不是偷来的，都不是模仿出来的，而是靠自己研究的，科学的积累都得靠自己。因此，封锁恰恰促进了德国的科学体系焕发出潜能，这个体系就是国家为主导的创新体制，使德国发挥出巨大的能量。

美国和日本之间的贸易战引发的技术战就是因为日本围绕着半导体、汽车等技术跟美国打，最后产业转移到韩国去了。很多人认为三星就是日美贸易战的产物，如果得出这种结论可能就有问题了。因为日本的科技并没有停步，也不像大家想象的那样。此外，新一轮的技术革命、技术传递和技术赶超与传统格局不一样，它是在全球化背景下展开的。这一轮的全球化和历史上的三次全球化都不一样，它的水平一体化和垂直分工化都很厉害，导致大量的技术外包、服务外包和制造业外包，从而形成了一个全新的全球技术链、产业链和价值链。最后，我们发现技术的创新源不是一个，而是多个节点，这些节点导致的重要变化是市场为王，谁的市场大，谁的创新多，谁就是老大，这是变化最大的一点。一是平台式创新很厉害，二是市场主导性创新很厉害，三是政府主导的基础性研究很厉害，四是政府主导的创新基础设施投入更加厉害。我们会发现产业链和技术链的变化导致创新模式也发生了变化。

此外要关注的是，技术要脱钩最重要的是要与产业链、价值链脱钩。中美是不是会步入到新冷战？特别是在技术层面我们怎么来评估这个问题？首先要评估的就是价值链会不会脱钩。欧美及世界能不能舍弃中国市场这块大肥肉，这是要评估的一个重要问题；其次要评估中国技术发展和技术创新的路径。一个创新者对跟随者的技术创新战略，最好是等其不断地研发，一直到要产业化的时候，再把其已经产业化的技术转移给后发国家，把原来的研发全部打消掉，这就是我们反思的。过去有一种模式叫市场换技术，市场能换技术吗？换不来技术。因为等你研发得差不多了，你把市场让给他，他来进行产业化，结果导致原来所有的基础性原发创新都胎死腹中。典型案例有两个。第一个是大飞机。20世纪80年代的大飞机研发很厉害，后来由于我们引进了波音飞机和欧洲的空中客车，导致我们的大飞机计划停滞了几乎30 年。第二个是汽车。我们在红旗轿车上的技术研发投入已经有20多年，20世纪80年代后引入了大量的汽车生产线，尤其是引入日本和德国的汽车生产线，直接导致红旗轿车下线。

真正的领先者与跟随者保持的最好距离不是坚守技术一成不变或不进行外移，而是适时进行外移来控制后进者的研发动力，这是很重要的战略。大家要记住，欧美从来没有给我们转移过关键技术。比如，巴黎统筹委员会及《瓦森纳协定》规定，只要是跟军事有任何关联的技术，整个北约体系都禁止转移，不是现在禁止转移，而是历史上一直是如此的。大家一定要记住，在技术层面，中国和美国、中国和欧洲、中国和日本从来就没有完全挂钩，现在即使松一松、脱一脱也不是坏事。

从我们的技术战略来看，一是过去20多年我们取得了伟大成就；二是世界技术创新正处在一个周期的交界期、调整期和未来的孕育期，这恰恰是我们大踏步赶超的时期；三是我们必须要很好地利用大市场所产生的内生动力，同时要防止欧美在技术上提防跟随者的战略举措。中国经济未来发展的空间非常之大，把这个空间利用好了，就会为我们的技术进步提供无穷动力。

未来的新征程要完成很多任务，比如要跨越修昔底德陷阱，跨越中等收入陷阱，超越明斯基时刻，破解李约瑟之谜，跨越环境库兹涅茨曲线拐点等。其中最重要的就是李约瑟之谜，这是世界对中国提出的疑问。李约瑟是一位科学技术史上的大家，原来在清华大学任教过。抗战时期他在中国收集了很多中国的科技史材料，写出了一本《中国科技史》。在这本书里他提出了李约瑟之谜，讲到中国有四大发明，历史上的GDP也很高，但是中国为什么没有酝酿出像英国那样的技术革命和产业革命呢？他的结论是，中国的政治力量、官僚体系太强大，压制了人们的创新力量。

我们国家目前的体制能不能进行创新呢？我们的答案是肯

定的。创新很重要的一条就是摆好政府与市场的关系。我们目前要做的就是全力突破李约瑟之谜，把政府与市场在研发、创新上的关系理顺。要想打破技术垄断，实现争夺产业链控制权的目标路径，现实前提在于把握好科学技术和市场的内在逻辑，充分发挥中国拥有全球第一的大市场环境的绝对优势，追逐全球市场研发、创新的内在动力。

第一，没有市场难以赢得技术竞争；第二，没有市场体量也难以赢得技术竞争；第三，没有自主市场更难以赢得技术竞争。

这是三个承诺，一要依托市场体系；二要善于运用市场体量；三是这个市场体量不是简单地以别人为主、被别人控制的市场体量，而是自主、自我的市场体量。我们过去在创新动力构建上是成功的，这是创造经济增长奇迹和技术突破奇迹的重要基础。中美贸易摩擦的本质是中美技术摩擦，中美技术摩擦实质上反映了我们过去的创新发展是成功的，因为我们对美国产生了压迫感和威胁感，所以美国才会如此。

市场导向的大规模技术创新和基础导向的政府赶超体系是中国创新战略实施的两条腿，两条腿同时发力、相互配合十分重要。但目前政府这一端做得并不十分理想。政府主导的赶超体系为什么会现在出现短板呢？重要原因是政府老想跟市场抢饭吃，没有专注于基础研究领域，这是我们的短板。中国的科技进步和创新必须要从核心技术和基础理论上扎扎实实进行根基建设，要在全产业链的构建和全创新链的构建上面做文章，而不是投机取巧。我们现在的创新体系，在分权体系下各个省都想有创新和技术突破，连一个县现在都有高新技术园区、战略产业园区了，全国各类园区一共5万多家。但真正的“国家队”不足1000家，再加上“省队”也就2000—3000家。其余的4万多个园区有没有真正的创新能力和研发能力呢？现在很多理工科学校的基础研究差不多被掏空了，校产每年呈现两位数的增长速度，但基础领域的创新乏善可陈。

未来技术进步最大的障碍是泡沫化和金融化，特别是构建在技术神话基础上的泡沫化和金融化问题。所以我们一是要加强基础领域建设；二是要对目前过分分散、过分金融化的发展趋势有所遏制；三是要真正建立市场导向、企业主体、平台导向的创新体系，政府在其中一些商业化领域一定要起到补充性的作用，千万不能与市场争利。政府有很多的创业基金，适度投入可以，但遍地开花与私募基金争食就会出问题。在某些技术商业化甄别上，政府没有优势，政府的定位要更凸显基础设施、基础领域、国家战略，重要的是要凸显市场导向。

刘元春　中国人民大学副校长

“卡脖子”问题提出三年了，许多人还不明白，除了那些核心技术，我们还缺什么

从根本上推动人类文明发展的是科学，还是技术？技术的重要性毋庸置疑。首先，科学成果是通过技术发明来造福人类的；其次，技术进步又能极大地促进科学发现。然而，真正决定人类精神和物质世界的历史、现状和未来的是科学，而不是技术，科学对于技术的支撑和引领作用无以替代。在举国关注“卡脖子”问题的当下，搞清楚这个问题至关重要。

去功利化，超越对科学的肤浅理解

科学和技术是什么关系？考察最近三百年的人类历史，我们很容易看到这样的情形，即技术发明促进科学发现，或科学发现引领技术发明。一个典型的案例是，蒸汽机催生了热力学，而热力学又让蒸汽机得以改进。

世界科技史学家W. C. 丹皮尔在《科学史及其与哲学和宗教的关系》一书中说：“科学过去是躲在经验技术的隐蔽角落辛勤工作，当它走到前面传递而且高举火炬的时候，科学时

代就可以说已经开始了。”丹皮尔所说的“科学时代”发端于十九世纪六七十年代的第二次工业革命。此前，发明家的成就一般要靠实际生活需求来推动。但从这时起，人们看到为了追求纯粹的知识而进行的科学研究，开始走到实际应用和发明的前面，并且启发和引领实际应用和发明。

当代科学和技术发展的一大趋势是融合。科学和技术之间的界限越来越模糊，呈现出科学技术化和技术科学化的特征。从形成一种新知识到把这种知识运用到产品和工艺，所用的时间也在不断缩短。甚至还有一部分科学正在变成技术，材料科学、基因科学、人工智能等很多领域的发展都提供了这方面的例证。技术越新，包含的科学知识越密集。另一方面，科学的进步也越来越依赖最新技术装备的支持。

凯文·凯利在《技术想要什么》一书中原创了一个英文单词“Technium”，台湾学者将其译为“科技体”，大陆学者很快也采用了“科技体”的译法。应该说，“科技体”的意译更准确地表达和延伸了原创者的意图，就是要把科学和技术看作是一个整体，进而阐述这个整体的演化规律。

有学者曾做过一个“橄榄”的比喻：“橄榄”的两端分别是科学和技术，而中间部位是科技体。而事实上，尽管相互融合是大趋势，但科学和技术的各自主体还远未合二为一。因此，“哑铃”或许比“橄榄”更为贴切。当然，哑铃的中间部位正不断壮大。即使将来有一天，“哑铃”真的变成了“橄榄”，橄榄两端也仍将是独立的客观存在，否则就不能称其为“橄榄”了。

需要强调的是，尽管科学与技术具有相互促进、相互融合的特点，但这并不足以打破科学引领技术的主流趋势和总体规律。牛顿运动定律和爱因斯坦相对论支撑着人类航天梦想，麦克斯韦电磁理论奠基了电力和电子工业，图灵原理和模型孕育了冯·诺依曼现代计算机构架，同位素的发现让原子弹成为可能，还有许多生物工程、新药、新材料无不是科学发现所派生的产物。更先进、更宏大、更精确的技术背后也必然地包含着更深刻的道理，而这些道理便是科学。

科学和技术是两个完全不同的概念。简单地说，规律的运用是技术，而技术背后的道理是科学。科学帮助我们认识和发现自然，而技术帮助我们征服和改造自然；科学解决“是什么”和“为什么”的问题，而技术解决“做什么”和“怎么做”的问题；科学一般与生产实践没有直接关系，而技术通常可以立竿见影地惠及大众，造福百姓；科学往往以知识形态存在于无形，而技术以物质形态存在于有形；科学属于上层建筑，而技术则是经济基础的一部分；科学有时能够颠覆人类对宇宙的根本认识，让世界观发生彻底改变，而技术却很难做到这一点。

科学是分学科的，还有应用科学和基础科学之分。一些科学有应用价值；一些现在没有，将来可能有；还有一些永远都没有。很多科学研究只是为了揭示自然规律，探索宇宙奥秘。就基础科学而言，我们尤其不能片面、机械、僵化地理解和强调“理论联系实际”。基础科学对技术的巨大推动作用，往往都是“无心插柳柳成行”。

事实上，科学研究没有“没用”的。科学，探索的是自然规律。人们每掌握一条规律，都是一次自然认知的升华，从而在更高的精神境界中生产和生活，直至创造出新的文明。

兴趣是人类最好的老师，也是推动科学发展的最强大也最持久的动力。很多科学研究只是为了满足好奇心，我们的天性使然。人类渴望了解这个世界，迫切地想要知道我是谁？我从哪里来？我到哪里去？所有的文化，包括宗教在内，都是在尝试回答这些问题时给出的不同答案。而科学的使命就是要不断地揭示宇宙的本质和真相，也只有科学探索才能找到正确的答案。在此过程中，科学促进了人的全面发展，进而推动着整个人类文明的进步。我们应该超越对科学功利化的肤浅理解。

科学支撑着美国的世界霸主地位

在当今世界上，直观体现美国霸主地位的可能是其核动力航空母舰，或作为储备货币在全世界通行的美元。但这些表象背后的实质是，美国在科学，特别是基础科学领域对其他国家拥有碾压式优势。

二十世纪二三十年代，世界数学的中心在德国的哥廷根，那里聚集着世界上最杰出和最庞大的数学家群体。这个时期，世界物理的中心也在德国。相对论的提出者爱因斯坦、量子力学的创始人之一普朗克以及矩阵力学的鼻祖海森堡等都是德国科学家。

那时候，美国的科学充其量只能算作二流。但希特勒上台后，情况开始发生变化。这位大独裁者把德国的科学精英源源不断地驱赶到其他国家，尤其是美国。欧洲最杰出的科学家几乎都定居美国，这大大促进了美国科学的兴起。可以肯定地说，如果没有这些人，美国后来在科学上无法与苏联竞争并获得冷战的胜利。据统计，现在70%以上的诺贝尔科学奖获奖者居住在美国。

2020年6月10日，2021年QS世界大学排名发布，排名前三的大学依然都来自美国，分别是麻省理工学院、斯坦福大学和哈佛大学。在排名前10的高校中，美国大学占据5所。

美国拥有许多举世闻名、全球最顶尖的实验室，包括劳伦斯伯克利实验室、劳伦斯利弗莫尔实验室、林肯实验室、加州理工学院喷气推进实验室、洛斯阿拉莫斯实验室、布鲁克海文实验室、橡树岭实验室、贝尔实验室、阿贡实验室……

科学的发展为技术的进步提供了不竭动力。在军工、航空航天、医学和医疗技术、信息技术等重要领域，美国都以无可匹敌的实力和压倒性的技术优势雄居世界之首。20世纪90年代以来，全世界90%以上的技术创新，都离不开硅谷的技术支持，背后都有硅谷的影子。

同时，在一个高度发达的市场经济环境中, 美国的产学研以及风险投资好像受到魔力的驱使，不约而同地聚集到一起。二战以后，美国的大学与工业企业互相联合的趋势不断发展，越来越多的企业科研机构甚至企业本身建立在那些顶尖级大学周围，进而形成五个庞大的区域性科学工业综合体，分别坐落在波士顿—剑桥、纽约—新泽西、华盛顿—巴尔的摩、旧金山—帕洛阿尔托和洛杉矶—圣地亚哥。此外，美国还有许多以联邦研究机构为中心形成的科学工业综合体，这种科学工业综合体主要以国防部和国家航空航天局为代表。

美国的各种科学工业综合体以其强大的科研产出能力和成果转化能力，不断更新人类的生产生活方式，也不断强化美国在科技实力方面的霸主地位。

日本不吝投入，为百年科学发展布局

1985年9月22日，美国、日本、联邦德国、法国以及英国的财政部部长和中央银行行长在纽约曼哈顿的广场饭店举行会议，签订了著名的广场协议。广场协议直接导致日本泡沫经济的破灭。日本从此陷入了长达十年的经济停滞，即“失落的十年”(The Lost Decade)。也有人说“失落的二十年”。我们的舆论经常乐此不疲地宣传和渲染这个话题。

的确，日本经济是出了些问题。与此同时，中国的经济规模已经大幅超越日本。于是，很多国人在历史恩怨和现实利益纠葛中，产生幸灾乐祸的心态，并且不时对日本投以鄙夷的目光。那么，日本真的没落了吗？

2019年，日本化学家吉野彰、美国固体物理学家古迪纳夫、美国化学家威廷汉共同获得诺贝尔化学奖，表彰他们在开发锂离子电池方面的杰出贡献。三位获奖者都被称为“锂电池之父”。吉野彰是继2018年本庶佑之后，日本第27名诺贝尔奖获得者，也是第8位获得诺贝尔化学奖的日本人。

21世纪以来，这个只有1.26亿人口的岛国已有19人获诺贝尔奖。2001年，日本夸下海口，“50年拿下30个诺贝尔奖”。现在时间没有过半，完成的任务已经过半。事实证明，日本人没有吹牛。其实，包括已经加入了美国国籍的两位日本人在内，日本人总共已有近30人获得诺贝尔奖。21世纪获得诺贝尔奖的日本科学家人数仅次于美国，世界排名第二位。

尽管很多科学研究并非以促进生产力为目的，但它对技术创新派生的溢出效应往往十分显著。获得诺贝尔奖的每位日本科学家背后，几乎都对应着一个高新技术产业。在半导体芯片、光学、超级计算机、超高精度机床、工业机器人、顶尖精密仪器、碳纤维、工程器械、燃气机轮等多个领域都能找到这种对应关系。

以大家现在最关注的半导体芯片技术为例，这个产业涉及的十大设备生产商中，美国企业4家，日本企业5家。半导体芯片有19种必需的材料，具备极高的技术壁垒。日本企业在其中硅晶圆、合成半导体晶圆、光刻胶、靶材料、封装材料等14种材料上均占50%及以上的市场份额。

2019年7月1日，日本宣布对韩国三类原材料进行出口管制，这三类原材料是用于半导体制造的化工品，分别是光刻胶、氟聚酰胺和高纯度氟化氢。这三种化工品，韩国都对日本依赖度较高，氟聚酰胺甚至达到了93.7%，而用于半导体制造的高纯度氟化氢几乎100%由日本进口。禁令一出，韩国电子业就受到巨大的震动，很快服软。

日本半导体材料行业在全球范围内长期保持着绝对优势。在这个领域获得诺贝尔奖的日本科学家是：江崎玲于奈，因在半导体中发现电子的量子穿隧效应获得1973年诺贝尔物理学奖；白川英树，因首次合成出了高性能的膜状聚乙炔获得2000年诺贝尔化学奖。

全球专业信息服务提供商科睿唯安（Clarivate Analytics，原汤森路透知识产权与科技事业部）不久前发布了《2021年度全球百强创新机构》报告，该报告依据发明专利数量、质量、成果影响力、全球化保护等指标，遴选全球最具创新力机构。从上榜机构所在国家看，美国上榜的机构有42家，日本29家，这两个国家的上榜机构超过了总数的70%。大家所熟知的亚马逊、苹果、高通、索尼、日立、本田等国际巨头均在其中。中国大陆只有华为、腾讯、小米、电信科学技术研究院这四家机构入围。

联合国工业发展组织（UNIDO）发布的各国工业竞争力报告也充分证实了21世纪以来，日本在全球制造业领域始终名列前茅。特别是在全球产业链上游的材料、零部件、装备制造等核心技术、高附加价值产品制造方面，日本无可争议地处在领先地位。

近些年来，日本的创新布局也发生巨大变化。日本早就抛弃已经沦为低端制造业的家电之类产业，转而全力投入新能源、新材料、人工智能、机器人、生物医学、环境保护等新兴领域。其实，日本始终拥有世界一流的技术创新体系，并且牢牢占据着产业链的高端，而其他大部分国家只是它的下游。

即使是在20世纪最后20年，在泡沫经济破灭后的一派萧条中，日本政府也依然不吝啬于科研投入。从2005年到2015年，日本这十年的科研经费平均达到国内生产总值的3%，居发达国家首位，而2016年美国为2.8%。日本比美国的投入比例还要高！此外，日本由企业主导的研发经费占总研发经费的比例世界第一；日本核心技术专利数量世界第二；日本的专利授权率高达80%。我们陶醉于中国位居世界第二大经济体的时候，千万不要忘了，日本人正在为未来一百年的科学发展布局。

中国的持久强盛有赖科学繁荣

当前，中国在诸多核心技术领域被卡了脖子。但这只是表象，问题的实质是我们的基础科学大幅落后于美西方。因此，“头痛医头，脚痛医脚”的办法解决不了根本问题。

科学是技术的源泉。而在科学中，基础科学又是应用科学的源泉。一般而言，科学发现比技术创新难得多，而技术创新又比开发应用难得多。科学研究的投入强度大、等待时间长。于是，一些脑筋灵活的人又开始贡献“聪明才智”：中国只搞技术开发，而把科学研究这种“苦活累活”留给美国及其他西方发达国家；等他们出了成果，我们再做应用，发展经济。这样做行不行？答案是否定的！即使短期内可以，但绝不是长久之计，除非我们想永远跟在别人屁股后面跑。

此外，科学是人类文化中一个最重要的组成部分。如果我们以及我们的后代学习科学时，教科书里永远都是外国人的名字，那么中国的文化自信从何而来？

事实上，在当今中国，对科学和技术发展规律的系统性认知，远比攻克若干核心技术重要。就此而言，我们尤其不应把科学与技术混为一谈。但迄今为止，很多中国人，甚至包括一些科研人员和科技管理工作者，都搞不清科学和技术的含义及其区别。

汉语里“科技”这个简称给我们带来很多困扰。它把中国人搞糊涂了，认为科学和技术差不多，没什么区别。比如，“高科技”在中国是一个很热的词。虽然对“高科技”的概念似懂非懂，但很多人张口闭口都是这三个字。这种既不准确也不科学的中文表达，把全社会带入了一个认识上的误区。他们不知道，科学只讲大小，不论高低；而技术只讲高低，不论大小。

“大科学”(Big Science)是国际科学界提出的概念。美国科学家普赖斯于1962年发表了题为《小科学、大科学》的著名演讲。他认为二战前的科学都属于小科学，从二战时期起，进入大科学时代。就其研究特点来看，主要表现为：研究目标宏大、多学科交叉、参与人数众多、投资强度大、需要昂贵且复杂的实验设备等。

“高技术”(High Technology)的提法也源于美国，是一个历史的、动态的、发展的概念。国际上对高技术比较权威的定义是：高技术是建立在现代自然科学理论和最新的工艺技术基础上，处于当代科学技术前沿，能够为当代社会带来巨大经济、社会和环境效益的知识密集、技术密集的技术。

所以，我们可以讲“大科学”，但不可以讲“高科学”，英文里压根儿就没有“High Science”之说。把中国人所说的“高科技”翻译成英文，只能译成“High Technology”，而不能译成“High Science and Technology”。

弘扬科学精神不是一句空话。各界人士讲话、文件起草以及媒体报道，在概念的表述上必须做到精准，而不能似是而非。人们至少应该明白，中国人耳熟能详的“高科技”，其实就是高技术，与“科”字并不相干。比如我们常说的“高科技企业”，其实是“高技术企业”。

由概念不清导致的行为偏差，已经、正在并且将会严重阻碍中国科学技术事业的发展。科学研究和技术开发，它们的目标任务不同，途径方法不同，因而管理和考评手段也不同。用管理科学研究的办法管理技术开发，或者用管理技术开发的办法管理科学研究，都是行不通的。

科学的去功利化在中国注定是艰难的，同时也是紧迫的。我们总是说，改革开放40多年来，中国科技事业取得了巨大的成就。准确地说，那是技术上的成就，而真正的科学成就并没有我们想象的那么大，甚至乏善可陈。

我们的目标是到2050年，把中国建成富强民主文明和谐美丽的社会主义现代化强国。应该清醒地认识到，社会主义现代化强国的内涵必须包括强大的基础科学。一个现代化强国，不仅要有技术，而且要有科学，特别是基础科学。一个真正的科学强国必须拥有一大批足以改变人类命运的伟大科学发现，以及众多能够领导世界潮流的科学大师。否则，那就不是真正意义上的现代化强国。

刘亚东　南开大学新闻与传播学院院长

美欧日的创新历程

科技创新能力决定着一个国家或地区的实体经济竞争力，是国家或地区持续发展的基础和根本保障。一个国家综合国力的竞争，实际上就是科技创新能力的竞争。近代以来，美国、日本、欧洲等有世界影响的国家和地区，无一不是以强大的科技创新能力作为支撑的。

科技创新是大国崛起的基石，一个科技创新型国家提高创新能力都要经过从技术引进到自主创新的过程，而政府制定激励创新的制度为大国科技创新提供政策保障，能够抓住世界科技革命和产业革命的机遇则是新兴大国崛起的关键。各个国家要根据本国国情和不同发展阶段选择适合自身的科技创新模式。因此，学习和借鉴科技创新型国家在科技创新领域的经验做法，对于提高我国科技创新能力、提升我国科技创新发展质量具有重要意义。

日本：基于本国国情，选择适当技术创新模式

日本是世界上科技事业较为发达的国家之一，也是世界公

认的最具科技创新能力的国家之一，是世界领先的创新型国家。科技创新是推动经济发展和增强国家实力的主要方式。自明治维新以来，日本始终秉持“技术立国”的发展理念，将技术创新视为经济发展的重要驱动力。为摆脱“二战”后经济萧条的状况，日本多次调整和优化本国经济发展战略，大力推行以技术创新为主导的经济重建，通过科技创新在全球经济市场中获得有利地位，国际竞争力大幅提升。自“二战”后到20世纪70年代末，日本经济高速发展，创造了所谓的“日本奇迹”。作为后发国技术创新的成功典范，日本的秘诀就在于能够根据本国国情，适当地选择技术创新模式，根据不同时期的国家需求有不同的侧重。

一国的科技事业发展模式与其技术创新战略密不可分，日本科技事业的发展始终与当时日本的科技发展需求密切相关。战后日本经济的发展史可以被认为是适时制定、并根据国家发展情势变化而不断调整的创新战略演变史。因此随着战后日本科技发展战略的三次调整，日本科技事业的发展历程也可以相应的分为三个阶段：

1. “技术引进与模仿”发展战略时期

“二战”结束后，日本的经济实力与欧美国家存在较大差距，日本的科技事业也处于停滞和落后的状态。为尽快缩短与欧美国家在科技和经济上的差距，日本政府制定了“技术引进与模仿”的科技发展战略，通过采取合理的手段，引进购买核心技术，学习并掌握科技创新者的思路和方法，然后以此为基础，结合本国实际进行优化和改进。通过这一系列引进、模仿和改良，迅速使之产品化、产业化，推动经济快速发展。

一方面，日本非常重视引进科学技术，会对其进行严格的审查。引进的科学技术不但要发展比较成熟，还要与本国经济发展战略相适应，以保障科学技术的引进对本国企业的发展有利。另一方面，在经济高速增长期，日本政府还会制定一些鼓励性政策和措施，引导企业有选择性地引进技术和设备，发挥企业在科技创新中的主体作用，并引导企业建立自主研发的创新体系，以提高本土企业的自主研发能力。日本通过从美国、西欧大规模引进技术，消化吸收，实现再创新，迅速缩短了与世界科技强国的差距。到20世纪70年代，日本顺利实现了对于西方发达国家的经济追赶，在生产技术上达到了世界一流水平，成为仅次于美国的第二大经济强国，走出了一条适合本国特点的，包括引进、学习、模仿、创新等步骤的自主创新道路。

2.“科学技术立国”发展战略时期

20世纪70年代后，日本已经成为世界经济强国，日本的国内外环境发生了较大的变化。针对国际经济全面复苏的形势和技术革新需求渐强的趋势，“技术引进”的发展战略已经不适应日本科技发展的需要。因此日本对经济发展战略进行了优化和调整。20世纪80年代，日本正式推行“科技立国”战略模式。至此，“科技模仿”逐步向“科技创造”转移。

“科技立国”战略模式是基于现有成果进行再创新，即全面实施技术开放，大力引进国外先进技术成果，逐步渗透应用到资深经济发展领域，并不断进行优化升级，在适当时机自主开发尖端科学技术。日本产业结构从资本密集型转换成技术密集型，技术更新快，产品附加值高，自主开发核心技术的能力成为科技带动经济发展的主动力。

3.“科学技术创新立国”发展战略时期

尽管日本政府确立了“科学技术立国”的发展战略，但进入20世纪80年代中后期，日本经济依然陷入了停滞。从20世纪90年代初到21世纪初，日本陷入了痛苦的“失去的十年”。面对日益激烈的世界经济竞争和持续低迷的本国经济，日本政府全面反思过去的技术发展之路，逐步清楚地认识到一个国家自主创新能力的强弱将直接决定这个国家在新时期的国际地位和影响力；也深刻认识到在知识经济时代，创新已成为经济持续发展的根本要素，而创新需要强化基础研究实力作为支撑。为此，日本政府提出了“科技创新立国”的新的发展战略，以期实现发展模式的彻底转型。这一政策战略的特点是日本要开发具有独创性的科学技术，即由一个技术追赶型国家转变为科技领先型国家。可见，“科学技术创新立国”战略是日本政府带着避免成为知识经济时代落伍者的强烈危机感提出的，是日本“引进消化吸收再创新”和“技术立国”战略的发展与延伸。

结合日本在不同历史时期的科技创新，可以看出，日本政府高度重视科技创新的重要作用，在借鉴和吸收国外先进科技成果的同时，充分结合本国实际和市场需求，形成了不同科技创新模式的科学组合。实际上，科技创新模式就是要结合不同历史时期、不同发展阶段的需求进行不断地调整和优化。不同的科技创新模式具有各自的特点和优势，为推动本国科技的发展，应选择最为适合的发展模式，逐步提升本国的自主创新能力。

欧洲：借势工业革命实现科技崛起

16世纪以来，世界发生了多次科技革命，每一次都深刻影响了世界力量格局。国家的强大不仅取决于经济总量、领土幅员和人口规模，更取决于它的科技创新能力。最初掌握先进航海技术并开辟世界航海路线、大量征服殖民地，成为16、17世纪世界强国的是葡萄牙、西班牙和荷兰。但由于没有建立一个依靠科技创新的现代制造业经济结构，继而被其他国家超越。英国就是率先在科技创新方面有所突破，建立了完整的科技体系和工业化体系，抓住科技革命的重大机遇，而实现迅速崛起，改写当时世界经济版图和格局，成为世界霸主的。

英国的崛起主要归功于工业革命。17世纪中叶，英国率先爆发了资产阶级革命，商品经济有了较大发展，这为工业革命的兴起提供了最重要的经济保障。英国在那时涌现出一大批自然科学家和社会科学家，以牛顿力学为代表的经典物理学和以亚当·斯密为代表的古典政治经济学，为产业技术创新和自由市场制度创新提供了强有力的理论指导和支撑，从而为工业革命的兴起奠定了坚实的科学理论基础。政府大力兴办和革新教育，积极支持科研活动，奖励发明创造，使英国成为当时的世界科技创新中心。在强大的经济实力、科技实力和军事实力支撑下，英国先后打败了法国等欧洲大陆强国，并不断殖民扩张，迅速拓展海外市场，在全球范围内逐步形成了以英国为核心的商业贸易圈，成为真正的“日不落帝国”。

从19世纪后期到20世纪初期，由于缺乏技术创新的主动性和积极性，英国科技创新的领先优势逐步丧失，全球科技创新的中心开始向德国、美国转移。到19世纪70年代，当以电力为代表的第二次工业革命兴起的时候，德国和美国成为世界上技术发明和创造的主要国家。

德国是近现代工业文明的推动者，直至今日，其科技水平在全球仍首屈一指。虽然德国经济在两次世界大战中受到重创，但在“二战”后德国经济又迅速恢复，成为具有很强竞争力的制造业强国。

统一后的德国紧紧抓住第二次工业革命的机遇，实现了经济腾飞。德国仅用30多年的时间就超越了“日不落帝国”——英国，成为欧洲第一、世界领先的经济强国。国家的统一为德国崛起提供了最重要的政治前提，长期积累的科技创新能力为德国在短时间内快速崛起提供了坚实保障，政府对教育和科研的重视及大量投入更使德国站在了世界科学技术发展的前沿。世界第一台大功率直流发电机、第一台喷气式发动机、第一列磁悬浮列车、第一台汽车和汽油机等发明创造纷纷诞生于德国。德国同时涌现出如蔡斯、西门子、爱因斯坦等一大批科学家和技术发明家。德国生产的产品大量出口，在世界市场上成为“高质量”的代名词。从19世纪中后期到20世纪初期，德国在科技创新方面取得了举世瞩目的成绩。

相对于共同市场、经济联盟、货币联盟，欧洲的科研联合是直到20世纪80年代才正式推出的。科研联合是科技发展到一定阶段的必然结果。早期的技术革命中，大量新技术处于从无到有的初始发展阶段，单独的国家甚至个人都可以在科学技术领域进行研发和探索。但是，随着科学技术的不断发展，尤其是进入电子时代以后，科技的发展速度呈几何数倍增，这时候，小国家的资源弱势就凸显出来了，大多数欧洲国家都面临着这一尴尬局面。因此，为了全力应对来自世界其他国家的科技挑战，只有将欧洲各国的科研力量联合起来，才能在尖端技术方面继续保持前沿水平。

美国：政府全面、有效参与科技创新

18、19世纪，英、法、德等老牌帝国在全球各地建立殖民地，由此开辟的全球大市场使欧洲成为全球科技中心。1894年，拥有更大市场的美国在经济方面第一次问鼎全球，并在“二战”后取代欧洲，成为新的全球科技中心，开始领导世界。

美国建国两百多年来经济发展的历史可谓是极具创新精神的创业史。自工业革命以来，美国经济和科技的发展速度令人瞩目，尤其是科技创新能力遥遥领先于其他国家。从19世纪的蒸汽船、电报、跨州铁路，到后来的电灯、电话、无线电、喷气式飞机、核电、半导体、计算机、互联网等等。

这些持续不断的重大发明和创新催生了一个又一个新兴的产业，持续提高了美国的生产率，大幅增强了美国的经济实力和综合国力，美国因此成为20世纪40年代以原子能、航天技术、电子计算机、生物技术为主导的第三次科技革命的主要发源地。

自20世纪40年代之后，美国成为全球科学研究和技术创新潮流的引领者，并将这种强劲的发展态势一直保持到现在，这在很大程度上得益于美国特有的文化、制度、经济发展模式及对外开放程度等因素，并由此形成了科技创新的独有模式和良性循环。纵观美国经济与科技的发展史可以发现，战争成为美国科技发展不同阶段的分水岭。因此可以将美国的科技创新发展历程分为四个阶段。

1. 美国独立后到19世纪中叶

从美国建国初期到美国内战之前是美国科技事业奠基时期。美国政府开始重视发明和创新在国家发展中的重要作用，在尊重企业和个人自由创新发明的同时，国家通过立法来保护和鼓励科技创新。早在18世纪，美国就开始注重知识产权保护，并制定了知识产权制度。这一制度是美国加速科技创新成果的商业化应用的基本激励制度，也是美国在较短时间内超越欧洲，成为科技全面领先国家的主要原因之一。美国在建国初期还十分重视人才的培养。美国建国之后的发展进程与哈佛大学及后来建立的其他常春藤学校开展的科学研究和人才培养密切相关。

2. 19世纪后期至第二次世界大战前

美国从19世纪中期开始对英国、德国实施经济与技术上的赶超，至内战结束后，工业化进程步入成熟阶段。基础研究依赖欧洲进步的科学，但是在技术上进行了大规模的引进和改良，实现了本土制造业的大发展。从内战结束到第一次世界大战爆发，科技的军事意义得到美国政府的高度重视，政府不断强化工业科研的重要性，这些因素使美国科技事业迅速发展。

可以说，20世纪40年代前的100多年里，美国联邦政府通过不断完善科技政策和法律保障，逐步壮大了自己的科技创新力量。从以纺织工业的创新为代表的产业革命阶段，到以蒸汽机和钢铁的创新为代表的发展阶段，以及以电气、化学和汽车工业的创新为代表的跨越式进步阶段，美国成功地从农业经济转型成工业经济，率先完成了第二次工业革命，实现了国家的繁荣富强。然而，在这一时期，美国还没有形成系统性的国家科技创新体系。联邦政府对于科技创新的支持主要在农业方面，大部分的科学发展和创新研究工作由个人和企业承担，政府对科研的投入经费极其有限。国家科技创新走的是自由发展为主，政府立法为辅的发展道路。

3. 第二次世界大战和“冷战”时期

第二次世界大战期间，科学技术的先进性对战争的胜负起到了极为重要的作用。为此，许多参战国都将精力、经费投入科技创新方面，以提高本国的战斗力。美国联邦政府在这一时期开始全面介入科技创新，建立起了以军事工程为研究目标，兼顾基础科学研究的科技创新体系，成为推动美国科技进步和管理技术创新的核心。

在联邦政府的引领下，美国正式启动了“曼哈顿工程”，将联邦实验室作为国家研发体系的主体，政府开始取代私人企业，成为技术发展和创新研究的主导者。研发经费迅速增长，从1935年的1亿多美元增长到第二次世界大战结束时的15亿美元。联邦的研究经费推动了美国科技创新的发展，并促使美国在一系列产业中处于领导地位，这些产业包括软件、硬件、航空和生物科技。20世纪50年代末，美国开始视教育为国家发展的基础和人才培养的关键，并把发展教育作为国家的战略重点，极力呼吁储备高素质的人才资源。从欧洲移民来的一流的科学家和工程技术人才就有上千人，大批人才聚集美国。这一系列举措促使美国的科技创新能力迅速提升，并超越欧洲成为新的世界科技中心。

4. 20世纪末至今

“冷战”结束后，美国成为世界上唯一的超级大国。伴随着冷战的结束，知识经济的到来和经济的日益全球化，美国联邦政府的科技政策也随之做出调整，从注重军事科技发展，转为着力发展基础研究和公益性研究。这种政策的适当调整使美国在高技术领域遥遥领先于世界。这一阶段美国科技创新的发展是由企业、大学与研究机构来推动的，政府只起到推动作用，高校、科研院所参与到科技创新主体上来。美国政府通过加强政策引导、实施税收优惠、拓宽融资渠道等措施，鼓励创新实验室与企业结合，引导科学技术向企业转移，推动科研联合体的形成。

20世纪90年代，美国计算机产业迅速发展，并带动了全球高新技术产业的发展，由此兴起了新一代的产业革命。技术创新是新知识的一种商业化应用，是知识创新的延伸与深化，也是产业创新的关键。进入21世纪以来，美国的科技政策一直围绕着开拓创新和提升竞争力这两个核心问题展开，美国政府不断增加科技投入，大力支持自主创新。

美国成为科技强国有着历史的发展基础。美国政府全面有效参与科技创新，并制定行之有效的支持政策，是美国科学技术获得巨大发展的重要保障。在应对国际、国内环境的变化和挑战时，美国通过局部的制度创新带动整个创新系统，保持科学技术的领先发展，也是其取得重大科技成就的关键。在美国科技创新体系中，联邦政府成为科技创新活动的重要组织载体，通过立法和制定相关政策措施，高度重视创新型人才的培养和引进，制定科技创新的国家发展战略，促使美国科技创新成为世界领先者，使美国成为科技强国。

刘　畅《中国经济评论》杂志记者

第二章
关键技术的前瞻布局

只有把核心技术掌握在自己手中，才能真正掌握竞争和发展的主动权，才能从根本上保障国家经济安全、国防安全和其他安全。

重大技术创新和发明创造，都依赖于基础研究领域的重大发现。瞄准世界科技前沿，抓住大趋势，下好“先手棋”，打好基础、储备长远，实现前瞻性基础研究、引领原创成果重大突破，夯实世界科技强国建设的根基。

产业关键核心技术“卡脖子”问题的突破路径

2019年，我国研发经费投入总量为2.2万亿元，比上年增长12.5%;研发经费投入强度为2.23%，创历史新高。据世界知识产权组织发布的全球创新指数，我国的创新排名从2015年的第29位跃升至第14位，有了很大的提升。从创新产出的视角来看，我国的专利授权规模和国际论文发表数量都已经位列世界前列，我国的创新驱动发展取得了卓越的成就。

我国一系列重大原创性科技研发取得突破:“天问一号”开启火星探测，“嫦娥四号”首次登陆月球背面，“嫦娥五号”实现地外天体采样，“奋斗者”号完成万米载人深潜，C919首飞成功，时速600公里高速磁悬浮试验样车下线，悟空、墨子、碳卫星等科学实验卫星成功发射，5G成功商用这些成果说明了我国的工程技术创新过程已形成了一些原创性的突破。但是我国科技创新还存在一些问题，部分关键产业的核心关键技术依然受制于人，很多关键的零部件、元器材和关键材料方面自给率还不够高，所以要进一步加强我国原创性、重大基础性研究的投入，从而保证国家的产业安全。

为什么会存在产业核心技术的“卡脖子”问题？

卡脖子技术问题威胁产业安全，是近年来重大科技研发创新中亟待解决的问题。整体上，卡脖子是指关键核心技术长期和其他国家存在较大的技术差距，而且技术差距短期内还很难被缩小，一旦国际贸易中出现对该技术进出口贸易的封锁，那么该核心技术就会成为一个国家产业发展的卡脖子问题。从技术差距、核心技术的关键程度和国家安全性角度来说，需要进一步关注与发达国家是否存在较大的技术差距，是否存在产业发展中的核心关键技术供给不足的问题，是否满足产业安全性的问题。除了这些问题外，从更积极角度来说，在我国科技企业里、在全球创新链和全球价值链里，要形成我们的“长板”技术，实现技术水平的反超，这也是围绕卡脖子技术的基本理论问题。

产业关键技术“卡脖子”问题的产生原因有四：

第一是底线思维不够。总体而言，要增加综合思维，面向国家需求开展科研工作，增加底线意识和风险意识。长期以来我国产业技术发展比较依赖于全球国际化，对核心技术的拥有抱有侥幸心理，底线意识和风险意识不足，对很多产业的安全性关注不够，带来了严重隐患，需要在今后一段时间内重点加以解决。中国已于2020年完成脱贫攻坚目标，“十四五”规划开启全面建设社会主义现代化强国的新征程。社会主义现代化强国建设中的科技强国建设，其路径要逐步转为需求导向的科技创新，加速向“以基础研究和核心技术供给路径为主，以需求引致的路径为辅的新型双引擎整合式创新强国路径”转型，这就需要高度关注基础研究和产业核心技术的自主可控问题。

第二是企业技术创新能力不足的问题。其中，央企是我国科技创新的主力军，掌握了丰富的科技资源，但是其内部创新激励体制还不够完善，对外创新辐射的引领性有限。民营企业过于重视市场化，对核心技术的关注度也不够高，长期来说也是对卡脖子问题、对核心技术关注不足，需要加快解决。所以要加快央企、民企建设一批创新型领军企业，甚至是世界一流的创新企业的步伐。

第三是产学研协同和企业融通发展还不够。首先要加强以企业为主体、市场为导向、产学研结合的技术创新体系。党的十九大又进一步提出要推动大中小企业的融通发展。目前产学研协同和大中小企业融合发展的效果还不够好，主要原因是产学研间和大中小企业间的信息流通不畅，这就为进一步开发“产业创新大脑”提出重大需求。

第四是支撑创新能力的关键要素需要提升。这反映在两个方面，一是高端复合型人才不足，我国研发人员比例虽然不断攀升，但是与发达国家相比还比较低，所以还需提高研发人员的总量。二是从研发人员素质方面，还要加快培养高端的复合型人才，才能真正破解我国科技创新的短板问题。科技金融的发展需要进一步加快，必须有创新优化的金融体系予以支撑。加快创新发展根本上就是强调科技创新和金融创新的协同共生，共同推动产业革命。这就要进一步加快人才和金融支持科技创新的力度。

解决“卡脖子”技术问题需要的战略视野

习总书记在2013年就已经指出，在国际上没有核心技术的优势就没有政策上的优势，所以在卡脖子问题方面要下大功夫。在2014年的两院院士大会上的讲话里，习总书记进一步强调，只有把核心技术掌握在自己手中，才能真正掌握竞争和发展的主动权，才能从根本上保障国家经济安全、国防安全和其他安全。

为此，一是要解决考核机制的战略视野问题。以前我们的发展思路是开放、是经济国际化。那么这次强烈呼吁，要从开放转向底线开放思维，基于底线安全思维来完善关键核心技术的常态化评估预警机制和监控网络，从而有效评估与识别涉及国家重大经济安全、科技安全、政治安全的“卡脖子”技术，在逆全球化与后疫情时代，需要进一步强化“安全畅通”的全新战略理念，建立重大危机如技术封锁和经济打压等发生后的科技攻关的指挥保障及补偿机制，提高产业链、供应链在全球竞争中化解系统性风险能力，实现产业链、供应链和价值链乃至产品链的安全性与畅通性。

在全球新一轮工业革命深入演化的背景下，要高度重视数字技术和智能技术，对科技攻关指挥与保障的数字化赋能效应，从而不断提升应对嵌入全球价值链以及外向型开放式创新过程中的科技安全的风险预测、识别、响应与处理能力，确保我国各类市场主体参与国际竞争中的科技安全。

二是要逐步走向基于自主创新能力建设的内向型开放式创新模式。要把全面自主创新战略放在各类创新战略视野全局的核心位置。当然全面自主创新战略的实施需要从政府和市场主体两个方面进行双轮驱动，尤其是“卡脖子”技术问题的攻克，离不开国家战略科技力量的支撑。政府层面需要做到的是对基础研究的高度重视和投入，政府扮演基础研究的主力军作用，确保“卡脖子”技术的基础研究知识供给，当然也包括关键共性技术的供给问题。

微观方面通过市场机制发挥作用，市场的主体特别是企业要摆脱长期依赖外部技术的发展模式，要坚持在参与市场竞争中平衡关键核心技术自主可控和全球价值链嵌入参与程度的动态平衡，以全新的平衡式自主创新战略，特别是摆出完全开放的发展思路，一种新的非对称的战略思维来赶超培育内生式创新能力，这一点也非常关键。

解决“卡脖子”技术问题需要的路径设计

我们要高度重视战略定位，也要重视路径的科学安排。

第一，要深化科技体制改革，完善核心技术攻关的新型举国体制，特别是坚持和加强党对科技事业的领导，加强政治保障和组织保障。同时也要进一步考虑以企业为主体的创新体系建设问题，特别是让企业进一步加强基础研究和原始创新能力建设问题，推动企业、产业向全球价值链高端布局。所以，下一步要进行整体规划，以系统思维进行“卡脖子”问题的整体设计和统筹谋划，要集中力量抓重大、抓尖端、抓基本，做到全国一盘棋。要关注各种制度的联动问题，要破解各种主体，包括政策主体衔接不够的问题。重点针对卡脖子问题，要区别传统产业和战略新兴产业甚至是未来产业的要求。对不同类型产业，对关键核心技术卡脖子问题的识别要进行更加细致的分析，按照产业类型来进行分类管理，按政策的设计空间方面，加强宏观战略规划和微观配套，支持制度机制间的协同。最后，要发挥政府和市场的协同作用，特别是进一步理清政府和市场对关键核心技术攻关的作用边界，围绕关键核心技术要素的供给，加强政府政策供给以及市场自动调节机制的协同配合。

第二，要进一步完善我国国家创新体系。通过体制机制改革，加强国家科技创新资源的统筹协调，形成各主体、各环节的有机互动，形成高效协同的国家创新体系。首先要加强系统设计，加强战略规划，根据国家的战略需求，确定和调整科技创新的方向和重点，确保我国科技创新的主动性和产业发展的安全，要系统布局一批符合国家战略需求、符合国家长远和未来的技术攻坚任务。特别是进一步规划各产业、各区域的创新布局，形成创新链条的贯通，打造高端、协同创新的区域体系。根据大数据的系统分析，要制定卡脖子技术问题的攻关路线图，要进行科学的引导和分级推进，直到事情解决，主动发挥企业的主导作用，进一步加快产学研协同的过程，特别是解决产学研合作过程信息不畅的问题。通过大数据分析和知识管理，进一步形成关键核心技术联合攻关的强大合力。

第三，要进一步完善产业科技安全的预警监测系统。国家要统筹，包括各部门要联合建立产业科技安全的运行监测体系。要加快研发产业科技安全的预警监测平台和共性技术开发平台。建立国家主导、跨区域联动、分布式的产业科技安全预警监测模式，和基于分布式资源共享、数据直报、风险评估、决策协同的预警监测平台，特别是加强数字化智能水平，面向科技决策的管理部门，包括高校、科研院所和重点企业，提升企业、产业发展的预警监测自动化水平，提高信息的自动化供给水平。开展相关信息和知识的智能服务，面向产学研合作体，开发创新需求自动化生成技术的服务平台，要发展人力资本和智能决策相互融通的决策支持体系和能力。这是关键的一点，具体是要统筹建立国家科技创新突破。要基于预警监测平台，梳理优势技术和卡脖子技术，建立重点企业和上下游核心关联企业清单，产学研关键单位清单、联合攻关任务清单，通过清单的获取来加强对产业安全、产业卡脖子技术问题的动态研判，精准分析和分级管理。

第四，要进一步发挥企业在产业核心技术供给方面的核心作用。一是要突出央企的引领作用，引导央企加快建设世界一流创新企业。加快央企的自主创新能力建设，实现相关产业、相关领域的关键核心技术自主可控。作为央企，首先要进一步发挥新型举国体制的优势，发挥央企的技术优势，以央企为龙头，联合其他企业、其他创新主体协同攻关，突破卡脖子技术问题。要完善考核评价体系，增加创新动力，特别是对央企考核，要进一步加强对核心技术自主可控的能力建设，对卡脖子技术问题破解的一些定量定性指标，引导央企重点关注解决卡脖子问题以及相关的自主创新能力的提升。同时，也特别期待央企加大研发投入，优化研发支出结构，一方面央企要进一步加大科研投入，提升总量规模;另一方面是优化结构，部分央企要增加对基础研究的投入和应用基础研究投入，央企的创新能力达到迅速地提升。此外，还要激发央企领导人的企业家精神，培养战略型企业家。特别呼吁央企的领导要进一步具有战略思维，能够精准把握创新的规律和未来科技发展的方向，能够前瞻性、战略性地识别关键技术，规划企业未来科技的技术发展路径和蓝图。

二是要加强民营企业对创新的进一步贡献。要推动民营企业对产业创新能力建设的重大贡献。增强民营企业在卡脖子攻关任务中的竞争力，增加其参与意愿，提高参与程度，同时也希望通过民营企业带动其他的企业联合攻关，形成产业技术创新能力的集群。通过产业集群的发展，建立产业链和创业链创新链的高度融合，形成卡脖子技术问题突破的共同体建设。

三是除了要提升企业主体本身，还要加快产业技术创新规划建设，一方面加强顶层设计，制定卡脖子技术跃迁发展技术路线图及发展规划，加强以卡脖子技术研发为目的的产学研协同创新体系建设。除了产学研之外，另一方面还要强调以企业为主体的大中小企业融通创新，在该平台上实现资源共享、利益分享的协同机制。期待央企或是重要的民营企业发挥龙头企业的作用，来带动中小企业的发展，把中小企业的创新活力和龙头企业结合在一起，最后形成十四五期间产业创新的新格局。在融通过程中也要进一步关注新型研发机构的建设问题，发挥体制机制优势，不断去有效探寻关键核心技术的迫切问题。同时，也要高度重视形成一个揭榜挂帅的机制，来激发全社会创新的活力。这些就是摆脱以前科技创新项目管理和成果整合的问题，通过市场机制、开放机制、竞争机制，实现全社会活力参与创新的机制建设。

第五，要形成有利于解决卡脖子技术的社会支撑环境。一是要加强高素质人才的资源供应，要加强产学研合作的力度，特别是构建产学研合作教育平台，为高素质创新人才的人力资源发展提出多元化的渠道，提高人力资源配置效率。二是要建立创新友好的科技金融体制，加强科技金融，特别是金融体系对科技创新的有效支撑。要依托产业路径图、产业图谱、技术图谱，建立分级的清单，对于事关战略主动和产业安全底线的关键核心技术进行更精准、力度更大的专业金融、专项资金计划。三是要加大对各省、各地区的产业技术的服务体系建设，特别是要提高知识创新的服务能力，要鼓励支持和协调产业执行和各高校院所建立更高水平的产学研协同网络。我国产学研、大中小企业合作的主要问题就是信息沟通不畅的问题，要搭建一个产学研合作的信息平台，提供相关的科研需求和科研工具的有效配置。推动产业集群中的共性技术研发和应用推广。推动知识产权服务能力的建设问题，建立产业集群知识产权服务机制，推动集群内知识产权创造应用管理和保护能力问题。可以利用区块链等技术，有效实施我国产业知识产权的精准化管理问题。

陈　劲　清华大学技术创新研究中心主任

如何提升关键共性技术促进基础创新

始于2016年秋季的林毅夫教授和张维迎教授产业政策之争已经过去五个年头了，林张产业政策之争主要围绕政府是否应该制定产业政策。但笔者认为，产业政策由谁制定、制定与否、实施效果如何不应该只局限于思考产业政策本身，而应以系统的思维旁观其他因素，其中关键共性技术因素不容藐视。

什么是关键共性技术

共性技术供给体系是国家创新体系的重要组成部分之一。共性技术研究是处于基础研究与市场开发之间的技术研究阶段，具有竞争前性、可再研发和影响广泛等特征。共性技术，是从英文Generic Technology翻译而来，“Generic”意思是“非特有的、一般的、普通的、通用的”。从字面上来说，“Generic Tech- nology”指“非仅用于特殊用途的、非专有的、通用的技术”。共性技术第一次被明确定义是在1988年美国ATP（先进技术计划）中：一种有可能应用到大范围的产品或工艺中的概念、部件、工艺、科学现象的深入调查。美国布什政府对共性技术的定义为：共性技术是存在潜在机会的，可以应用于多个产业的产品或工艺的科学事实，这种科学事实具体表现为科学概念、技术组成、产品工艺及科学调查。而关键共性技术又是共性技术体系的重中之重，在多个行业或领域广泛应用，并对整个或多个产业形成瓶颈制约作用的技术。

共性技术的研究属于基础创新，往往对产业的发展呈现出一定的制约性，其合理有效的管理对于提升技术创新能力是大有裨益的。相比主导产业政策，真正决定最终效果的恰恰是对整个产业或多个产业及其企业产生深度影响的关键共性技术。因此，加快投资和突破产业关键共性技术，建立关键共性技术供给体系，对促进我国经济转型发展和产业升级具有一定的重要性和紧迫性。我国科技创新基础研究体系的构建需要做到关键共性技术供给布局先行。

我国关键共性技术供给存在的问题

产业主导政策对国家和区域经济发展有着不可忽视的推动作用，但随着我国产业竞争力的不断增强，关键共性技术对产业发展的促进作用更加凸显。虽然我国已经明确了关键共性技术的发展定位，不断加大关键共性技术供给和自主创新的支持力度，但效果并没有达到预期，究其根源，突出表现在以下方面。

1. 对关键共性技术的认识存有偏颇

共性技术是针对技术转化问题提出的一个概念，指的是介于科学与可以直接商业化应用的技术之间的技术，也称为“竞争前技术”。正因为这些技术是“竞争前”的，不能在短期内通过直接商业化带来财务收益（而不是因为这些技术为行业内所有的企业所需要），所以存在企业投资动力不足等市场失败现象，因而需要以公共物品的形式由政府组织供给。目前一些国内学者和政策制定者直接从中文译文“共性”（即行业中的企业都需要或大多数需要）的意义出发来理解共性技术问题，实际上是对共性技术作为一个学术概念和政策概念的曲解。因此，建设共性技术供给体系，并不是要在技术层面界定某个行业的哪些技术属于共性技术，然后把这些技术的研发分配给共性技术研发机构，而是从设计一套制度出发，激励共性技术研发机构及其研发人员从事具备竞争前特征的技术开发活动。

2. 关键共性技术基础供给能力不足

与发达国家相比，我国关键共性技术创新能力十分薄弱，现有关键共性技术创新能力尚不能有效带动和引领产业升级。尤其在信息通信、新能源、智能制造等战略性新兴产业方面，尚无法自主推动科技优化升级，导致部分高端关键共性技术、科技通用装置进口率高达70%。而且，在卫星导航、航空航天、微电子等涉及国家安全或具有军事意义领域的关键共性技术方面，我国长期受到发达国家的技术排挤或封锁，造成我国关键共性技术研发能力始终落后于国际水平，自身基础供给能力更是不足。

3. 关键共性技术供给体系缺乏顶层设计

2011年以来，国家已经明确了关键共性技术是制约我国提升产业核心竞争力的瓶颈问题，确定了优先发展节能环保、装备制造、信息通信等产业的关键共性技术。但关于关键共性技术的供给制度还未形成具有基础性和导向性的长远战略体系，缺乏顶层设计。如在关键共性技术经费支持方面，由于关键共性技术创新基金被限定于基础研究领域，并没有结合技术的基础性、重要性及产业实际需求，造成相关经费无法有效支持关键共性技术研发。而且，并没有在国家层面出台细分到相关技术的专项规划，在政府、高校、企业等方面也没有专门进行关键共性技术研发的联盟机构，“政企产学研”尚未形成合力。

发达国家经验借鉴

当前，全球主要发达国家均在大力发展关键共性技术，并借此推动产业技术发展、产业创新升级，提高产业竞争能力，采用的策略均为统筹部署共性技术和主导产业。

1. 建立管理程序简化的关键共性技术供给结构

虽然美国、欧盟和日本关键共性技术的供给结构不同，但其基本特点都是简化国家管理的程序，提高了主体独立决策和研发的效率和灵活性，降低了基础研究与市场脱节的可能性。我国各领域的管理体系大多采用树状结构，看似清晰的职能划分，却因分支众多而导致流程琐碎、冗长，使信息反馈机制逐级削弱，严重阻碍了工作开展的进度。由此可见，创造一个流程简化的关键共性技术供给结构尤为重要。我国可借鉴欧盟的扁平化供给结构，也可参考日本产业技术综合研究所的独立行政法人制度。

2. 设立关键共性技术专项研究计划或成立研究联盟

自20世纪80年代起，美国出台了一系列专项计划，加大对产业关键共性技术的支持力度，如先进技术计划、半导体制造技术研究计划、新一代汽车合作计划、微电子与计算机技术研究计划等，该类计划的开展与顺利实施，确保了美国在相应技术领域的领先优势。而欧盟也通过了欧洲框架计划、尤里卡计划等专项研究计划，通过研究共同体、研发联盟等形式，整合欧盟成员国在产业关键共性技术领域的科研力量，为各成员国提供产业关键共性技术。

3. 持续增加产业关键共性技术研发资金

2013年，欧盟正式通过并启动了“地平线2020”研究计划，该计划规定在2020年前投资770亿欧元用于各成员国的技术研发活动，占欧盟总财政预算的8.6%，比“第七研发框架计划”的经费总额（532亿欧元）增加了44.7%。其中，用于支持关键共性技术等基础科技研发的经费高达244.4亿欧元，占研发经费总额的31.7%。在美国方面，美国政府已经出台《美国应对未来技术革命战略》，明确在2030年以前，将确保研发经费年均增长率不低于3%，包括加大对产业关键共性技术的研发支持力度，以维持美国在全球技术和经济领域的领导者地位。

4. 聚焦ICT、新能源、生物医疗三大重点领域

美国政府预计，新能源、3D打印、机器人等关键共性技术将在2030年显现出清晰的质变。因此，在2017财年预算案中，美国政府将研发预算提高至1523亿美元，同比增长4.2%。而且，围绕美国创新战略，2017年重点支持的研发领域包括：清洁能源、先进制造与未来产业、生命科学、国家安全、信息技术与高性能计算等领域，其中清洁能源研发投入达到77亿美元，生命科学研究领域投资331亿美元，先进制造、信息技术等领域投资也有大幅上涨。这些关键共性技术的投资将为美国在新能源、医疗等产业构建全球竞争优势打造坚实的基础。

关于我国建设共性技术供给结构的政策建议

与主要发达国家相比，当前我国产业发展最大的障碍在于自身核心技术的欠缺，而仅通过政策支持主导产业发展，并不能带来明显的改善，这主要归咎于产业关键共性技术发展滞后。因此必须构建新的发展体制，为关键共性技术研发注入持续的增长动力。

1. 出台产业共性技术专项研究规划

结合我国战略性新兴产业布局及《产业关键共性技术发展指南》的要求，建议调整国家科技计划支持的内容和重点，设立产业共性技术专项研究计划，对列入计划专项中的项目予以拨款支持，引导和鼓励合作研究开发共性技术，促进共性技术的供给和扩散。具体重点领域既要结合我国产业发展现状，也要借鉴发达国家的发展经验，建议优先选取ICT、新材料、生物医药等三类共性技术进行试点。

首先，ICT技术已经不再是单一产业或企业的技术优势，而是面向所有产业、企业的共性技术，尤其对传统行业的信息化改造升级具有极其广泛的作用。其次，新材料技术是制造业发展的重中之重，必须根据新材料发展特点，从先进基础材料、关键战略性材料和前沿新材料三个方面着手，解决共性技术问题，推动制造业升级。再次，生物医药技术是关系国计民生的重要技术，也是其他产业人力资源的健康基础，必须优先解决生物技术、医药技术、生命科学等领域的共性和关键性难题。

2. 加大关键共性技术研发资金投入

当前，大量的产业关键共性技术亟待研究，但由于关键共性技术研发难度大、投资回收期长、风险相对较高，单个企业或研发机构很难承担重大技术研发项目。因此，在支持关键共性技术发展的初期阶段，政府必须大幅投入财政资金进行前期培育，形成研发支撑。随着关键共性技术逐步完善并走向市场，鼓励和支持社会资本投入，形成多渠道的投融资供给体系；此时，政府可将财政资金转向对关键共性技术研发行为和成果的激励。

首先，建立产业共性技术研发基金或专项基金，并大幅提升资金增长幅度，用于支持产业共性技术研发平台技术设施建设、人才团队建设、平台维护运行等工作；其次，引导企业特别是国有大型企业、龙头企业加强科研投入，拓展产业共性技术研发建设资金来源，并引导产业基金、风险投资基金重点投向产业共性技术研发领域。再次，参考发达国家经验，建议以每年不低于3%的增幅，增加我国产业关键共性技术研发投入资金。

3. 创建关键共性技术研发的政企产学研综合体系

当前，美国已经形成以15家制造业创新研究所为基础的制造业创新网络，集聚了企业、大学、联邦、州和地方政府等相关主体，不同机构相互配合，共同投资产业关键共性技术创新与发展。为此，我国也应充分发挥统筹兼顾的战略思维，创建聚合政企产学研的关键共性技术供给体系，实现国家关键共性技术突破和技术自主创新的战略目标的同时，提升相关群体创新发展能力。

首先，应依托计划成立和正在筹建的国家制造业创新中心及其他国家级研发机构，集中高校、民营企业、社会机构等力量，共同投资开发关键制造技术，并通过成员企业快速将技术转化为面向市场的生产制造，加快技术转移，推动全产业链创新与升级。其次，在其他重点共性技术领域，也可采取此类模式，大幅提升关键共性技术研发进度和产业化推广进程，整合资源，在取得技术突破后快速进入市场应用，缩短与发达国家在关键技术领域的差距。再次，尽快在战略新兴产业部署下建设三大重点关键共性技术创新基地，如ICT技术研究基地、新材料技术研究基地、生物医药研究基地，重点攻克三类产业关键共性技术，并大幅提升本产业及相关产业的竞争力。

结语

随着经济全球化及互联网技术的发展，科技创新活动日新月异。创新发展的关键是需要科技和经济的深度融通，真正发挥“科学技术是第一生产力”的作用，面向经济主战场已成为科技创新的方向之一。推动科技创新与经济发展的紧密融合离不开政府的宏观引导与指导，关键共性技术供给体系作为科技创新活动的重要支撑，对优化科技创新资源的配置，促进科技与经济融合，提升科技成果转化率将发挥重要作用。

贺　俊　中国社会科学院工业经济研究所研究员
黄　艳　北京联合大学管理学院副教授

第三章
改革释放创新潜能

依靠改革激发科技创新活力，通过深化科技体制改革将巨大创新潜能释放出来，给予科研单位更多自主权，赋予科学家更大技术路线决定权和经费使用权，让科研单位和科研人员从烦琐、不必要的体制机制束缚中解放出来。

具有自主知识产权的核心技术，是企业甚至行业的“命门”所在。加快建设知识产权强国，保障知识产权创造量质齐升，为我国长期维持全门类的制造业大国，建设世界科技强国提供保障。

中国科研体制改革“以人为本”

“基础研究是科技创新的总开关。”在一次国务院新闻发布会上，科技部部长王志刚指出，“要更加注重原创导向，充分发挥基础研究对科技创新的源头供给和引领作用。”

回溯过去五年，中国基础研究投入已从2015年的716亿元增长到2019年的1335.6亿元，年均增幅达16.9%。2019年，基础研究投入占全社会研发投入比重历史上首次达到6%。与此同时，中国出台了一系列政策措施，加强高校的基础学科建设。

但不得不承认的是，中国的基础研究依然存在不少薄弱环节，以及一些根深蒂固的问题。

我国科研创新的“阿喀琉斯之踵”

这些年我国在基础研究领域投入较多，但好像见效并不显著，与美国等发达国家还是有比较大的差距。背后的原因是什么？实际上，我们整个科技创新体系的发展还是有一个过程的。基础科学的创新与发展会有一个滞后的效应，不会很快展现出来。比如这两年科技研发的投入，可能不是当下就能产出的，它可能会滞后10年、20 年，需要等待这样的周期。

最近这些年日本的诺贝尔奖获奖井喷，其实它在研发上的投入时间可能要早一些，并不是现在，现在日本整体的科研投入是压缩的。换句话说，中国目前有很多的投入，可能十几年后中国会出现一些诺贝尔奖级的成果，这也未可知。

这可以作为理解的一个侧面，改革开放以来我们在持续加大投入，当然也取得了不少的成果，但投入与产出的滞后性也确实存在，这就导致我们对科研成果的部分期待落空，感觉好像距离我们的要求还差很远。

其实中国从一个后发的国家走到现在这一步，这个过程的效率也不算低。只是说，四十年的时间对于一个国家科技创新体系的构建而言，还太短了。

中国当前科研创新，尤其是基础创新力薄弱的原因究竟是什么?

在基础创新方面，高校是一个比较重要的主体。其实我国高校过去传统的办学模式一直是以人才培养为导向的，如果把教师分成教学型、教学科研型和科研型，实际上后两者在数量上、比例上，都不是特别高。这首先是制约科技创新能力提升的一个方面。

这个定位的偏差其实是科研评价体系的导向造成的。目前整个科研管理体制当中，把学术论文发表数量作为一个非常重要的指标。这也就导致我们的许多教师、科研人员，在从事科研工作的时候不自觉地按照那样一套评价体系去考量自己，发一些短平快的学术论文成了一个内在方向，因为这对他们来讲是一件更加有利可图的事情。

而一些长线的、解决重大问题的研究，可能因为学术生产的周期长，要坐冷板凳，并不能解决教师眼下的诸如年终绩效、职称评审等问题，反而变得不太受欢迎。

现行的科研管理体制更包容和鼓励个体的生产，而不是一种跨学科、跨单位协同创新的组织模式。所有的科研组织到最后都会面临一个利益归属的问题，这个项目到底谁是第一单位，一个单位内部如何分配。所谓的集体攻关，大部分情况也就演变成分钱分物，大家一起拼盘去写一个本子，你分多少资源，我分多少资源，你发多少文章，我发多少文章，最后大家各干各的。

具体看基础科研体制的评价机制，最大的阻碍在于一种唯一性的评价导向左右了学术生产过程。比如说在大学里面，理科的工科化的倾向非常严重，当然另外一个方面来讲就是工科的理科化，也存在一些这样的问题。首先说理科的工科化，因为纯粹的理科学者，他主要是做基础研究的，但是基础研究不直接产生经济和社会效益，这些老师就会很痛苦，市场上没有人认可他的研究。不少理科学者不得不面向市场和工程应用做很多研究。再比如工科的理科化，工程科学领域当然也有很多的基础研究，但如果逼着工程科学研究人员拼指标，而大面积做基础研究，就跑偏了。

基础创新是靠“养”出来的

目前的科研人员的收入来源实际上分为四个部分，国家、地方、高校的拨款及科研人员的自主创收。这其中，国家和地方给的实际上都很少。高校方面，教师能够从学校得到的薪酬的总盘子又是很小的，绝大部分科研人员，基本上也就是工薪阶层的收入水平。跟企业研发人员的基本收入水平相比，没有办法体现科研人才的市场价值。而且国家规定了事业单位的绩效工资基于单位基数进行调控，就是有钱了还发不了，管得比较“死”。

在这样的体制下，自主创收才是科研人员“养活自己”最重要的途径。其实国家在收入分配体制改革的过程中，是鼓励科研人员和高校教师去兼职兼薪、自主创收的。因此，一些高校教师和科研人员可能会投入大量的时间在创收性的活动上，包括一些横向的、为企业服务的课题，各种各样面向市场的项目，也会经营一些自主创立的企业。

基础创新是靠“养”出来的。科研人员需要的是一个相对宽松、自由的研究环境，而不是为生计所迫。比如说，多数基础研究人员并非“帽子人才”和学校特聘人才，收入水平就比较低，被迫花费大量的时间在业余创收上，精力耗散非常严重。从科研经费支持角度说，教育部直属高校都有基本科研业务费，划拨到高校以后，应该跟高校自筹的基本科研业务费一起，为以兴趣为导向的研究提供支持。但现实中，这些经费又会成为校内的竞争性科研经费。所谓“养”就是要让科研人员的学术生产活动能够享有更加充分的支持。

而国家和地方的科研经费在组织模式上仍然是申报制，上报选题，再去竞争性地评审。我国目前绝大部分的科研投入都在按照这套体制来进行，相当于一种资源的分配。

这种资源分配一定会有不平衡的时候。如果资源都是通过课题竞争的方式来投入组织，我们的科研体系中就会有特定的一种人，那就是擅长去拿到这些资源的人，他可能是更熟悉科研本子的写作套路，可能是更洞悉当前学术界的偏好，这样的人他会很容易地拿到课题。换句话说，就是“会写本子得天下”。

另一些面向实践的研究者，他能够出一些高水平的应用性成果，但没办法在短期内写出那么漂亮的本子。更多重量级的基础研究一般在本子上是规划不出来的，科研本身就是一个充满未知和不确定性的领域，如果重要的研究成果都能够在本子上写得清清楚楚，往往就很难有什么重大突破了。因此我一直认为，我们的科研投入体制应该注重多样性，要对科研人员多一些包容，要允许他们在不断的探索中试错，对他们进行长周期评价。

提高基础创新力的关键在于“人”

科研资源配置的多样性应该如何体现？首先不一定完全通过本子来进行衡量，可以通过更多的方式。比如纯粹面向市场的方式，先面向市场进行业务洽谈，最后再招标。

在国家层面，也可以在项目申报的过程中适当地去降低本子的作用和影响，规划还是要写，但是不要把它变成单一维度，就是说谁写得漂亮给谁，而是更多地看这个本子背后各方面的实际条件，以及申请者过去获得资助的项目的产出成果。如果连续获得了几轮资助，却没能产出真正有研发影响的成果，那么他本子写得再漂亮，也要对他有所约束。

目前的科研项目的评审制度同样不够严格，专家评审机制越来越流于形式。评审太过频繁，以至于评审质量下降，甚至科技界也出现了“评审专业户”的现象。科技评价缺乏真正的学术评价，现行的奖励制度已成为一些官员追求政绩和一些科研人员获取名利的渠道。这些问题有愈演愈烈的趋势。越来越多的科技奖励应该从申报制改为提名制。

针对评审制度存在的问题，改革的触角要一分为二地看。一方面，我们的科研评审制度缺乏真正的学术评价。现在各地把项目的多少作为了一个评价标准，谁项目多，谁就厉害，这是很成问题的。项目意味着投入，投入本身怎么能被当成绩效来展示呢？

很多学校聘用一堆的专职科研人员和博士后当科研人员，组织大批的人去进行公关，以学校的名义争取资源。这种模式左右了科研项目的评审单位。针对项目本身打招呼，这是很普遍的。

另一方面，我认为也不能绝对地根据学术本身进行项目评价，也得面向市场去应用。比如说有两个本子写得都差不多，这时候要去考量一下项目背后的社会影响和市场价值。如果缺少了这个维度，也是有一定的缺陷。

这些年，我国在科研体制上也做了许多的改革。我们国家的科研管理体制主要分成高等教育系统、科学院系统和企业科技创新系统这三块。这些年，最突出的就是“放管服”的政策改革。

以科研资金的管理为例，过去我们的人员费只占科研资金的5%，这么低的比例，怎么去创新？包括整个资金计划，过去都管得很死，支出项目不能进行内部调控。现在好多了，不同的项目平均下来至少有50%的资金是可以用在人身上。

有了这个资源，并且把管理的权限交给科研人员，他就可以去开展很多工作，组织起完备的科研团队。技术性的，服务性的，当然也包括真正做科技创新的，不同的人都可以在创新体系中发挥作用。

还有改革科技成果的评价方式，不再像过去那样看重论文，盲目追求数量，而是更加关注质量和贡献，评价标准越来越多元化了。这些改革能够在一定程度上帮助我们基层的科研组织和科研团队，并更好地尊重科学生产的规律，更好地面向科技创新活动来进行资源配置。

基础科研的创新应更好服务社会

专利作为科技创新的一个重要表现，2000年以来，我们很多的高校对专利的申请越来越重视。2019年，我国首次超越美国成为国际专利申请量最多的国家。2007—2019年，中国内地有效发明专利拥有量从8.4万件增长至186.2万件，国际专利数量也不断攀升。但是这其中也存在一个问题：我们存在大量的无效专利。许多专利申请下来之后，无法进行科研成果的转化，很多专利企业是不要的。到最后，这些专利只是变成了科研人员在工作中的一个“工分”。

从这个角度来讲，高校和科研系统其实需要对所拥有的专利做一个全面的价值评估，对于那些已经没有转移潜力和空间的专利，要及时停缴专利维护费，不要再继续浪费资源了。高校里面应该有专门做科研成果转化的部门来从事相关工作。

就科研工作者的层面而言，在整个科研工作当中，如果一个人只考虑自己所做的那么一小点东西，缺乏往上游看、往下游看的视野，他就很难走到应用层面。因此，我们需要建立一个全周期的、有机的、能够形成整体效能的科研管理体系，让不同类型的人员在高校内部的学术生产中找到自己的位置，并给他们创造更好的条件，让他们能够开展更加广泛的合作。

科研当中存在基础研究、应用研究、开发研究、中试研究、技术转化等活动。比如那些专门搞理论的人，要给他们创造更多跟应用层面接触的机会。而搞应用研究的人要想实现突破，根源可能在于基础研究实现突破，同时他们要看到下游开发研究、中试研究、技术转化方面有哪些潜在的合作对象。

长期以来，我国科研领域“中试空白”现象比较严重。科技成果并不会天然地实现产品化和商品化，科研机构应将中试研究放到更加重要的位置。在高校与高校、高校与科研机构、高校与企业的大量合作中，需要专门建立类似中试基地这样的机构，打通从基础到应用，最终到产品化和商品化的全流程通道。

文 木 《中国经济评论》杂志特约记者

（作者于2020年10月采访了同济大学教育政策研究中心主任张端鸿，本文是根据该采访整理而成的文字稿）

加快建设知识产权强国 保障经济高质量发展

加强知识产权保护，这是完善产权保护制度最重要的内容，也是提高中国经济竞争力最大的激励。2008年，《国家知识产权战略纲要》（简称《纲要》）提出实施国家知识产权战略，着力完善知识产权制度，为建设创新型国家和全面建设小康社会提供强有力的支撑。此后的十二年里，经过各方的共同努力，《纲要》中提出的目标已基本实现，对我国发展成为世界第二大经济体、最大贸易国、最大制造业国家、全球产业供应链体系的中心国家提供了有力支撑。

当前世界正经历百年未有之大变局，我国已转向高质量发展阶段。无论是应对国际环境变迁带来的不稳定性、不确定性，还是解决我国经济社会发展中的不平衡、不充分问题，我国都要将创新置于国家现代化建设全局的核心地位，充分发挥知识产权制度在鼓励创新中的基本保障作用。加快知识产权强国建设，激励创新源泉充分涌流，保障经济高质量发展。

知识产权现状

知识产权的数量与质量代表着一个国家创新的宽度与高度，保护知识产权就是保护创新。国家知识产权战略实施以来，我国知识产权工作在激励和保护创新、促进经济发展方面起到了积极的作用。知识产权创造量质齐升，为我国长期维持全门类的制造业大国提供基础保障。截至 2019年，我国发明专利申请量连续9年居世界第一。每万人口发明专利拥有量从2012年10月底的3.31件上升到2019年底的13.3件。企业已成为我国主要的创新主体，2019年，企业占国内职务专利申请量的81.5%，占国内职务发明专利申请量的比重达到71.1%。2007—2019年，我国有效注册商标总量从235.3 万件增长至2521.9万件。近几年，我国知识产权创造在数量快速增长的同时，质量也在逐年提高，专利维持年限有了较大幅度增长，商标品牌市场价值提升明显。

我国知识产权数量快速增长，主观方面源于两个因素，一是过去几年我国政府对市场主体取得知识产权采取积极支持、鼓励和有力推动的态度；二是国家知识产权战略实施之后，我国市场主体的知识产权意识和创新能力大幅提升。客观方面，第一，我国市场竞争和产业分布格局也支持我国成为知识产权大国。我国拥有1.2 亿个各种类型的市场主体，每年即使1%的市场主体提出知识产权申请，其数量规模也非常庞大。第二，我国市场主体多位于全球产业分工价值链的中下游，产业上游的一次技术创新，将带动下游配套行业的一连串微小技术改进，产生数量庞大的知识产权成果。未来我国包括专利申请在内的知识产权创造数量仍将保持高位快速增长，这既有现实基础，也是我国维持全门类制造业发展的客观需要。

知识产权运用水平不断提升为我国经济转型的升级持续注入创新动力。根据国家知识产权局连续十几年的调查，这些年我国全部有效专利的产业化率长期维持在30%—40%之间，企业的发明专利产业化率超过40%，企业外观设计专利产业化率超过50%。2018年我国专利密集型产业增加值达到10.7万亿元，占GDP的比重达到11.6%，版权产业行业增加值达到6.6万亿元，占GDP 的比重达到7.37%。知识产权已经深入我国经济生活的各个层面，我国生产、流通、消费等各个环节都已经与各种类型的知识产权活动紧密地联系在一起。通过市场主体的知识产权运用，各种类型的智力活动成果源源不断地注入经济活动中，支撑我国经济社会发展水平不断提升。

知识产权保护力度不断加大为我国系统性的创新活动提供了有力的保障。创新是一项风险极大的经济活动，倘若没有足够的法律保障，只依靠人们的兴趣进行创新，自发和系统性的创新活动就很难发生。近些年，为改善知识产权保护状况，我国做了大量前瞻性的工作，包括在全国各地设立了22家快速维权中心、建立了40个知识产权保护中心；人民法院系统建立了最高人民法院知识产权法庭，在北京、上海、广州建立了三个知识产权法院，在成都等地建立了21个知识产权法庭，建立侵权损害惩罚性赔偿制度，完善知识产权案件审判制度，加大了对知识产权侵权行为的惩处力度。

根据国家知识产权局开展的调查，我国专利权人遭遇侵权的比例已经从2012年的28.4%，下降到2019年的13.3%，下降趋势明显。专利侵权易发、多发现象总体上得到遏制，我国知识产权保护水平有了实质性提升。

知识产权制度建设与时俱进，为创新行为提供了稳定可预期的制度环境。国家高度重视知识产权工作，将知识产权法治的重要性提到了前所未有的高度。2015年12月，国务院印发《关于新形势下加快知识产权强国建设的若干意见》，提出深化知识产权领域改革，加快知识产权强国建设；2017年1月，国务院发布《“十三五”国家知识产权保护和运用规划》，知识产权规划首次列入国家重点专项规划；2019年11月，《关于强化知识产权保护的意见》印发，专利法、商标法、著作权法等修改、完善进度加快；2020年10月，专利法第四次修改表决通过，加强了对专利权人合法权益的保护，回应了近年来专利领域出现的新情况、新问题；著作权法修正案于2020年11月修改完成，加大了保护力度；商标法第四次修改也正在酝酿之中。完善知识产权制度体系是我国经济转型升级的内在需要，也是推进知识产权治理体系和治理能力现代化的基本要求。法律筑基、政策引领，我国知识产权制度的完善始终与经济社会发展同频共振，汇聚起推进经济高质量发展的强大法治力量。

总结历史经验

伴随着改革开放进程，我国知识产权制度逐步建立、完善。党的十八大以来，知识产权工作在一系列重大部署下，实现了显著的发展和提升。笔者认为有四个方面的经验值得总结、思考。

顺应时代需求，服务创新发展主战场。这些年，我国知识产权工作紧扣国家创新发展的时代脉搏，围绕新产业、新业态、新商业模式对知识产权保护和运用的新需求，制定了相应的法规、政策、制度和举措，保护创新，激励创新，为国家创新发展保驾护航。

注重顶层设计，科学谋划知识产权工作。这些年，我国不断深化对知识产权功能定位的认识，对知识产权发展路径逐渐积累，形成了较为系统、科学的认知。2008年，《纲要》从国家战略高度对知识产权工作进行总体谋划、部署和全面推进。进入新时代，行动计划、综改方案、强国意见、“十三五”规划等纲领性文件顺应时代需求，进一步夯实了知识产权工作基础，知识产权工作的“四梁八柱”逐步确立。

不断深化改革，更好发挥制度作用。改革始终是引领我国知识产权事业发展永恒不变的主线。这些年，我国遵循知识产权制度运行的客观规律，通过持续深化知识产权领域“放管服”改革，进一步处理好政府与市场的关系，将知识产权制度作为市场经济的基石、创新驱动发展的刚需、国际贸易的标配，有效发挥其作用，支撑国家经济社会创新发展。

坚持中国特色，融合国际经验。这些年，我国知识产权工作立足国情，在用好、用足我国制度优势的同时，积极学习借鉴国际先进经验，增强我国知识产权制度的开放包容性，既能够服务国内市场主体保护创新成果的需要，也能够为外资在我国创业发展提供良好的制度环境。

新时期的展望

习近平总书记指出，“当前，我国处于近代以来最好的发展时期，世界处于百年未有之大变局，两者同步交织、相互激荡。”我们要充分利用好我国制度优势，使市场在资源配置中起决定性作用，更好发挥政府作用，让政府和市场形成合力，推动知识产权工作在新时期迈上新台阶，更有力地保障经济高质量发展。

大力提升知识产权质量，实现知识产权创造由多向优、由大到强转变，切实提高创新水平。我国是一个知识产权大国，创新具有高频次、宽范围的特征，但是我国知识产权总体质量仍然不高，制约了我国经济活动中创新的高度。如今，我国经济发展进入以国内大循环为主体、国内国际双循环相互促进的新发展格局。知识产权质量不仅关系到我国参与国际合作和竞争的新发展优势，更是突破核心技术局限的内生需求。无论立足于当前国际形势，还是着眼于我国未来发展远景需要，稳步提升知识产权质量已经成为我国加快创新发展的重大历史课题。

未来我们要聚焦国家战略性新兴产业和“卡脖子”关键技术，引导企业实施知识产权战略，将企业当前市场竞争和长期战略结合起来，实现创新引领下的长远发展。大力支持高校、科研机构及国家重点（工程）实验室、国家工程（技术）研究中心等重大科研平台围绕主导产业开展发明创新，推动企业、高校、科研机构与知识产权服务机构联合培育高价值专利，深化产学研协同创新。同时严厉打击非正常专利申请行为，强化对非正常专利申请行为的信用监管，提高企业创新能力和知识产权质量。

全面从严保护知识产权，保护创新，持续优化营商环境。营商环境很大程度上影响着市场主体的积极性和市场活力的释放。第三届中国国际进口博览会上，习近平总书记将“强化知识产权保护”作为未来我国全面扩大开放的举措之一，指明了当前和今后一段时期知识产权工作的方向。坚持强化制度约束，对知识产权侵权违法行为依法加大惩处力度。不断拓宽仲裁、调解等多种维权渠道，构建知识产权多元化纠纷解决机制。加强知识产权诚信体系建设，建立健全社会共治机制，推动形成知识产权保护合力。持续提高知识产权审查质量和效率，压减商标、专利审查周期，有序布局知识产权保护中心，完善快速预审、快速确权、快速维权协调联动机制。要对所有市场主体一视同仁、同等保护，营造更好的创新环境和营商环境。

提高知识产权运用综合效益，促进知识产权发挥更大的社会效益。知识产权是一项私权，也是一种重要的竞争工具，而知识应当是属于全人类的共同财富。高水平的知识产权运用不仅让知识产权权利人受益，更是促进社会高水平创新发展、维护国家经济安全的基础。对此，可以从以下三方面做起：一是要深化知识产权权益分配改革，解决好知识产权的所有权、处置权、收益权“三权问题”，处理好单位和发明人、发明人和社会公众之间的利益关系，构建科学合理的权益分配机制，从根本上调动研究人员实施成果转化的积极性和主动性。二是要加快知识产权运营体系建设，引导社会力量参与知识产权运用，为知识产权的转移转化、收购托管、质押融资、分析评议等提供体系化支撑。三是要大力培育知识产权密集型产业，加大对国家战略性新兴产业知识产权工作的扶持力度，实施专利导航工程，开展专利集群管理，推动专利集成运用，进而推动产业转型升级，促进实体经济高水平发展，让全体人民受益于知识产权运用。

目前，我国已经全面启动面向2035年的知识产权强国战略纲要编制工作，我国中长期知识产权事业发展的顶层设计和战略部署将更加具有全局性、前瞻性和开放性。国家“十四五”规划将对未来五年知识产权工作发展主要目标、重点任务措施和重大工程等做出总体谋划部署。未来，培育更多高质量、高价值知识产权，营造更加公正、开放的市场环境，任重而道远。

韩秀成　国家知识产权局知识产权发展研究中心主任
李奕霏　国家知识产权局知识产权发展研究中心实习研究员

第四章
创新与产业协同发展

在全球贸易、产业与技术竞争日益激烈的今天，科技攻关要坚持问题导向，围绕最紧急、最紧迫的问题，将创新真正落到产业发展上。要在核心技术上不断实现突破，掌握更多具有自主知识产权的关键技术，掌控产业发展主导权。技术创新转化为经济增长动能，并不仅仅取决于研发投入、科技论文和专利的多寡，而依存于创新与产业一体发展的过程。

从信息产业看创新的困境与出路

在网信领域，中国的长板是在应用方面和一些新兴技术领域，例如5G、大数据、人工智能等；短板主要是在芯片、操作系统和工业软件等大型基础工程方面。如果发挥好举国体制和市场、人才的优势，整合国内资源，突破这些技术短板并不会需要很长时间。

“中国体系”突破芯片性能短板

传统信息技术依赖于高性能的单个芯片，从而也依赖于高制程的芯片制造工艺。虽然我国短期内在7纳米、5纳米的先进制程芯片方面还受制于人，但依靠现有技术，依然可以制造出14纳米、28纳米的芯片。除了手机产品，大部分科技产品使用14纳米、28纳米芯片就已足够。

强调“中国体系”意味着，对于某些短期内难以克服短板的核心技术而言，可以用体系实力来补足单个环节上的短板从而实现整体性能的赶超。例如在高性能事务处理领域，我国科技人员采用软件增强硬件，实现整体高性能的方法构建了原创的“中国体系”。它包含服务器、操作系统、数据库软件等，其中数据库软件是具有独创核心技术的，可以把成百上千颗低端CPU芯片，聚合成比传统外国体系更大的、统一的超强算力。

如果中国芯片行业继续被“卡脖子”，不能使用7纳米、5纳米的先进制程，那么在“中国体系”下，无论是常规工艺的国产CPU，还是海量老旧CPU都可以被利用起来，甚至可以使用随手可得的普通PC的CPU芯片，构成强大的算力，足以保障关键信息基础设施和一般数据中心的建设、运营不受冲击，甚至几年不买外国最先进的芯片，新基建照样能顺利推进。

开源芯片应对CPU架构垄断

世界上主要的两大CPU架构是Intel架构（x86）和 ARM架构，未来一二十年这两个架构还是会在市场上起支配作用。近来借鉴开源软件的成功经验，在芯片领域出现了新兴开源芯片架构RISC-V，它容易满足自主可控的要求，适合成为中国新的CPU架构选择。

中美贸易摩擦中，芯片业出现了被禁用、停供等供应链风险，而采用RISC-V有助于降低这种风险。支持RISC-V开源架构的基金会原先在美国，去年迁移到了瑞士，今后美国出口管制，对RIS C- V是无能为力的。它不容易被国外“卡脖子”，适合成为中国新的CPU架构。

RISC-V适合物联网、5G、人工智能、边缘计算和区块链等新领域。RISC-V在这些市场的应用和其他CPU架构是平等的，所以在新一代信息技术领域，它有望超过x86和ARM等传统架构。

与个别公司主导的统一的封闭体系相比，开源体系的一个缺点是可能出现碎片化问题。个别厂家为保持竞争优势，可能不愿公开自己的创新成果，这样未来市场上就可能会出现许多互不兼容的分支。这种情况如果不加控制，可能过不了多久，这个体系也就不复存在了。为此，需要基金会和产业联盟等加强工业界的合作，保持互相的兼容，使开源体系的价值能得以充分发挥。

由于目前在中国，采用开源体系难以使投资者获得回报，因此国内基金不大可能对开源体系投资。希望政府方面采取适当的举措，使投资方有积极性对开源硬件和开源软件进行投入。

统一标准提升行业生态

操作系统也是我国亟待突破的关键核心技术。在计算机领域，微软的Windows垄断了全世界的桌面操作系统市场。鉴于桌面操作系统与网络安全、信息安全紧密联系，这一核心技术需要尽快实现突破。

目前国产桌面操作系统与国外产品相比，在体验和技术等方面已无明显差距，差距体现在生态方面。Wintel体系长期垄断了市场，确立了统一的生态，几乎所有的外设、应用程序都能做到即插即用、即装即用。而过去国产CPU和操作系统都有多家，各自为政，互不兼容，外设和应用程序很难实现适配。

现在的信创工作正在逐步整合资源，使国产CPU、操作系统及其生态系统迅速建立和完善起来，这样将大大加速国产自主可控替代的发展。

工业软件技术短板亟待补齐

2018年4月，美国EDA（电子设计自动化）公司Cadence率先对中兴禁售工业软件。随后，美国对中国禁售核电行业工业软件；2019年8月，华为被禁止与ANSIS以及Cadence、Mentor和Synopsys 三家EDA公司合作；2020年6 月，哈尔滨工业大学、哈尔滨工程大学被禁用MATLAB……这一系列事件表明，工业软件的短板会被美国用来对我国产学研各界进行制裁。

工业软件可细分为很多领域，在集成电路产业领域，国产EDA软件基本上是空白。制造业领域又包括流程制造业和离散制造业，在离散制造业领域，一般工业软件包含CAD（计算机辅助设计），CAE（计算所辅助工程）和CAM（计算机辅助制造）三大部分。在CAD方面，国产CAD有2D CAD和部分3D CAD软件；在CAE方面，国产CAE软件基本上是空白；在CAM方面，有部分国产CAM软件。另外是建筑业领域，由于中国建筑业非常发达，是世界上规模最大、从业人员最多、最活跃的产业，相应地国产BIM（建筑信息模型）等软件发展较好。

我国工业软件的落后，虽然有客观原因，还应当从主观上找原因。以上述最落后的EDA软件为例，在“造船不如买船，买船不如租船”的思想影响下，就走过了曲折的道路。几十年里，它经历了早期起步、中间停止支持、到现在重新发展的几个阶段。如果不是中途停顿了一二十年，而是能一直坚持发展，那么该领域就不至于像今天这样，被Cadence、Mentor和Synopsys三大公司垄断了。

中美贸易摩擦的实践告诉我们，如果工业软件被“卡脖子”的问题不解决，这个短板不补齐，我们在今后许多年里都会不断地遭到制裁，因此必须亡羊补牢，急起直追，迅速补齐这一短板。

倪光南　中国科学院计算技术研究所研究员

中国芯片产业需长远规划和长期投入

半导体工业被誉为科技发展的基石。芯片虽小，却是信息产业的“智慧大脑”，也是构筑大国竞争力的核心产品之一。

我国遭遇的美国等国家针对中国科技企业的围追堵截，争端的核心同样是这枚小小的芯片。“中国芯”如何迎难而上，攻克核心技术难题，避免在国际竞争中被人“卡脖子”，无疑是一道严峻的考题。

集成电路（芯片）从发明到现在，历经60多年，已经渗透到各个领域，改变了全人类的生活。芯片产业一般分为设计芯片、制造芯片和终端测试三个板块，支持这三个板块的是材料、装备和工业软件。这是一个非常复杂的体系。目前没有一个国家可以实现全产业链运转，需要全球进行分工合作。

中国在20世纪60年代就已经加入芯片行业，那个时候水平还是很先进的，和世界水平差距并不大。但在过去四十年里基本是引进国外技术的状态，自主开发的东西非常少，导致我们的技术逐渐落后。

中国的芯片产业发展和国外的差距有多大？最先进的技术比如做CPU，我们叫逻辑工艺技术或数字电路制造技术，与国外先进水平还有5年的差距。整体产业水平差距达15—20 年。

而中国市场是最大的，但基础科学和核心技术的研发投入不够。2000年，中国芯片国产化占比大约1%，现在占比将近10%，百分之八九十是进口的。20世纪90年代以来就一直在讨论——自己制造芯片技术好，还是直接购买芯片好？这四十多年，我们一直都是在引进国外的芯片制造技术，到今天为止，绝大多数芯片还是靠进口，不管怎么讨论，现状就是如此。

中国的高铁产业、电脑产业、手机、汽车产业是世界第一，但大多数芯片都是进口的，如果美国不卖芯片给中国了，我们集成电路的整个工业体系都要面临巨大困难，所以中国必须要发展芯片产业。

在芯片产业中，我国最薄弱的环节是制造，但制造要靠材料、装备和工业软件支撑，所以真正薄弱的还是装备、材料和工业软件。目前这些基本都是进口的，并且我们的基础比较差。这三个行业都需要几十年磨一剑，大概20至30年的积累。

中国的研究大多是应用型研究，就是已经成熟的技术我们进行成果转换、产业化。因为我们的企业和学术是分开的，所以产学研的结合并不太好，基本是脱节的。企业的芯片研究水平远远超前于大学和科研院所，所以大学和科研院所帮不了企业的忙，他们是跟着企业的技术发展后面走。

在芯片行业，中国的优势是人才优势，另外我们有巨大的市场。其他方面相对弱一些。美国，欧洲，日本，韩国都是政府主导产业的发展。芯片产业还是要靠举国之力，需要国家加大投入，而中国在芯片发展中投入太少。举个例子，英特尔公司每年投入150亿美元进行技术研发，而且已经发展了50年。我国准备5年内投入1400亿元的资金，这么多钱还不如英特尔两年的投入。纵向比较发展是很快，但横向比，和竞争对手的投入比起来还是很有限。

另外，应该把企业和研发中心做大做强，而不是把资金分散到全国各地。在高校也需要专门培养芯片和集成电路领域的人才，根据产业需要去培养人才。

这个行业的待遇并没有对人才构成吸引力，很多人都去选择金融、互联网行业。互联网虽然改变了人类生活，但它的基础还是芯片，如果美国制裁中国，不卖给互联网公司芯片，那互联网的硬件基础就没了，这是很危险的。

现在中国的芯片产业已经有比较好的舆论和政策环境，从中央到地方支持力度都很大。但我们的工作还有欠缺，需要有顶层设计和产业规划，要了解这个产业。芯片产业有个摩尔定律，十八个月要换下一代，投入100亿，下一次要投200亿，这是一个不断增加投入的行业。这个行业从历史角度说，是先亏十年，后面才有机会赚钱。所以这是一个持续投入、不断加大投入的产业，而不是投入之后就能自己养自己。

美国把科技作为战略高地，哪怕亏钱也要做到世界第一。而中国过去太多考虑经济回报，没有太多考虑战略需求。现在中国做的还远远不够，要做到世界顶级水平，人才、技术、储备、制造、材料方面怎么做，需要多多借鉴国外的成功经验。

在芯片行业，也曾传出多项浪费补贴的烂尾项目。可以理解的是，芯片很重要，各地都想投入。但他们不了解这个行业需要持续投入，并且最大的投入不是厂房，厂房在总投入里占比不到10%，最大的投入是设备，设备是非常昂贵的。有了设备和厂房，还需要有技术来源，否则就会被别人告侵权。

所以，第一资金要到位，第二要有技术来源，要买技术，第三要富有经验的几百人，甚至上千人的团队。但大多数人认为，我先把厂房盖起来，再去融资，没有做好长期投入的资金准备，也没有引进技术和人才，但资金、技术、人才三大要素一个都不能少，这样才算有入场券。市场在哪里？客户是谁？能不能赚钱？这些因素都没有考虑，就匆忙上阵，因此非常容易成为烂尾项目。

至于未来中国集成电路产业的发展路径，一定要利用好市场优势。韩国和中国台湾的市场是有限的，他们需要靠全球市场，他们的资源也是有限的，所以他们会专注于产业链中一两个环节。但中国市场广阔，可以全面布局，并且各地都要有自己的特色，比如北京以研发为主，上海以高端芯片代工为主等等，各地要专注于这个特色。

每个地区需要有一个面向未来的长远规划，要全部规划好，再去投入。但现在各地方的芯片产业并不是规划出来的，而是野蛮生长、自然而成的。

另外，设备、材料、工业软件这三个方面要加快补短板，需要长期投入，高校研究所要加入，不能完全靠企业。这些研究不赚钱，需要政府支持研发。

谢志峰　Intel最高成就奖得主，中芯国际创始人之一

（作者于2020年10月接受《中国经济评论》采访，

本文是根据该采访整理而成的文字稿）

底层科学研究更能带来产业突破

2010年，5位来自杜克大学、牛津大学的博士学成归来，在特区深圳创建了光启。十年之后，光启已经成为一家拥有核心自主知识产权的世界级的创新研发团队，在超材料领域不断深耕，持续领跑。

值得思考的是，从基础研究而来的超材料，如今在我国处于怎样的发展阶段，基础研究领域的创新如何实现“弯道超车”。

从产业角度来讲，超材料经历了20年的发展。超材料作为人造物质的一个新兴领域、新兴学科，在10年前还处于基础研究的阶段，离我们想真正制造一个物质出来还是非常远的。经过10年发展，随着设计能力与技术能力的不断提升，超材料开始真正成为一种定制型的材料技术，在航空航天装备的应用前景非常广阔，应用范围也很大。超材料现在是尖端装备，尤其是武器装备的一个非常关键的，涉及作战能力的核心技术。

我国的超材料在国际上处于领先的地位，目前是从早期萌芽进入到尖端航空装备领域，正准备开始大规模应用的状态。超材料应用从行业选择角度来讲，像激光、半导体等领域一样，都是先在国防军工装备领域应用。第二环节会进入到更广泛的工业领域，目前这个阶段还没到来。第三阶段会进入到普适性的消费者应用的领域。

超材料行业市场是一个很特殊的市场，像国防军工装备产业，尤其武器装备产业，门槛高，技术难度高，相对封闭，不是一个完全开放的自由市场。

从创业角度讲，中国有个传统说法，就是“做导弹的不如做茶叶蛋的，做战斗机的不如卖手机的”，现在依然有这样的氛围。

需要警惕的是，如果以这样的氛围持续发酵，以现在的国际形势和中国科技自立的道路，还缺乏一些社会和舆论基础，这是很可怕的。

超材料是从基础研究做起来的，是科学上的突破和飞跃。基础研究对于整个国家的科技发展，甚至国家的经济和国防、可持续发展实力都至关重要。我们看到一个新的科技应用的时候，往往归于生产关系方面的问题，实际在笔者看来，更大的问题不在于科技成果转化，而是在于科学研究的深度够不够。科学研究深度越深，越底层，才越能带来产业上的大突破；相反，科学研究的深度越浅，则无法转化出有重大价值的产业变革。

对超材料领域来讲，设计、计算、制造、测试、测量，都没有现成的东西，是需要我们自己去构建的。光启花10年时间，在没有设计体系，没有工业设计软件，没有制造手段的情况下，构建了一整套的工业体系。

目前超材料行业有三个国家比较领先，分别是中国、美国和日本。但是不能用静态的眼光看变化这么快的一个学科的发展。从长期发展的角度来讲，我国长期的领先优势有可能会因为环境的原因丧失殆尽。

举例来说，超材料会应用在一些重大装备里。从投入来说，美国的第四代战机F22，它从研制到批产是投入8000亿美金，F35是4000亿美金。从投入来看，我国是否能够持续与国外竞争？第二，从人才角度，国外海量的最优秀高校的博士都被输送到相关行业里，但我们更多人才去做金融、互联网和手机了。第三，应用的牵引，要想发挥超材料最大的价值和爆发力，需要将它用到最先进的装备上，但如果装备都不是最先进的，那竞争优势就会打折。

因此，面对美国等国家对我们的科技制裁，我们要搞科技自立，产业创新，应该实事求是，按下头，扎扎实实去做，不能人云亦云，该投入要投入足，并且要足够信任，要有容错机制。

深圳在科技产业上下了很大力气。深圳不靠引进外资和国家重大项目的补贴，而是培养本土的企业，深圳的大企业都是自己培养起来的。不仅对大企业，哪怕是对小微创新企业，深圳也非常关心和重视，只要做的是根本性的基础创新，就会得到政府的支持。因为深圳的成功就是来自对小微企业的培养和呵护，而不是把别人的大树当盆景一样连根拔起，搬过来栽到深圳。这是深圳和其他地方不一样的，也是特别需要坚持的。

深圳看重的是底层科学研究突破性的大和小，而不是看公司规模的大和小。这种创新创业的基因一定要坚持下去，多为未来种一些种子，这样创新之都才能永葆青春。

刘若鹏　深圳光启高等理工研究院院长

（作者于2020年10月接受《中国经济评论》采访，

本文是根据该采访整理而成的文字稿）

第五章
创新要素

基础研究是创新的源头，离不开人才、资金和时间的投入。地方政府在发挥主观能动性的同时，也要尊重市场规律，厘清政府的边界。企业、行业、地方政府积极布局可能被“卡脖子”的环节，但要避免盲目跟风。

由于投入大、回报周期长，基础研究往往以政府投入为主。除了中央财政持续加大研发经费投入，也应引导企业和社会力量增加对基础研究的投入。

向深圳学什么

这些年，人们一直追问：为什么是深圳？

后来，人们开始思考：为什么只有一个深圳？

追问和思考背后是殷殷期待，期待更多像深圳这样的城市出现。向深圳学什么、如何学，值得所有人思考。

深圳再成示范区

2020年前三季度GDP数据相继出炉，我们看到深圳GDP总量仅次于北京、上海，位列前三甲。但从经济增速上来看，深圳是全国唯一一个保持正增长的城市，展示出强韧的经济韧性。尤其是在去年疫情冲击、出口重创的情况下，深圳作为科创中心，依托强有力的高科技产业，再次杀出一条路来。

2020年是深圳经济特区建立四十周年，也是深圳建设中国特色社会主义先行示范区一周年。2019年8月18日，《中共中央国务院关于支持深圳建设中国特色社会主义先行示范区的意见》（简称《意见》）出台，宣布深圳正式成为中国特色社会主义先行示范区。从经济特区到先行示范区，深圳在新时期被赋予了新的使命。《意见》提出，到2025年，深圳经济实力、发展质量跻身全球城市前列；到21世纪中叶，深圳屹立于世界先进城市之林，成为竞争力、创新力、影响力卓著的全球标杆城市。

先行示范区这一战略定位包含了高质量发展高地、城市文明典范、可持续发展先锋、法治城市示范、民生幸福标杆这几个方面。

如何率先打造出一个样板？其中很重要的一点就是创新。《意见》提出，加强基础研究和应用基础研究，实施关键核心技术攻坚行动，夯实产业安全基础。唯有强化基础科学研究，才能为科技创新发展提供内生原动力。

以创新驱动城市发展，应该没有哪个城市比深圳更有发言权。以华为、腾讯、大疆、光启为代表的创新企业在世界范围内诠释着中国创新的要义。而这些企业的成功也证明了深圳这片热土在孵化创新上的独特魅力。深圳经济特区建立四十周年庆祝大会上，习近平总书记强调深圳要在科技创新方面走到最前列。

发力基础创新

为此，深圳在完善创新机制上做了一系列的努力。这包括出台一系列支持科技创新的政策、广纳人才、打造平台、设立创投母基金等。

这些年，深圳相继出台了《深圳经济特区科技创新促进条例》《深圳经济特区国家自主创新示范区条例》等系列政策、法规，致力于基础科研工作。2018年，深圳获国务院批复建设全国首批可持续发展议程创新示范区，2019年出台《深圳市关于加强基础科学研究的实施办法》，在科研课题、科研组织、科研设施、科研人才和科研合作等方面提出五大任务、23条具体举措，为基础研究提供稳定、长期、充足的创新资源支持，为创新发展提供稳定持续的动力源泉。

《中共中央国务院关于支持深圳建设中国特色社会主义先行示范区的意见》则提出了加快实施创新驱动发展战略的“施工图”，在大科学装置、高水平创新平台、强化基础研究方面发力，大力提升核心创新能力，为创新发展提供稳定持续的动力源泉，从而率先建设体现高质量发展要求的现代化经济体系。除了政策优势，深圳作为“科技之都”的成功还来自政府、企业、科研院所及深圳人民的共同努力。

一方面深圳电子信息产业的产值已经占到全国的六分之一，占到全球的十分之一。但另一方面，近年出现多个“卡脖子”事件。类似于北京的知春路，深圳也有这样一条街：位于深圳南山区的粤海街道。粤海街道是科研创新型企业比较集聚的一个区，华为、大疆、中兴这些知名企业全部诞生在这里。中美贸易摩擦中，这个街道的华为等龙头企业被美国列入实体清单，给予了极限的压力和打击。对此，深圳市政府也十分警醒。深圳“已经初步构建了一个基础研究加上技术攻关加上成果的产业化、加科技金融，还有最后一个非常重要的，加人才支撑，这么一个全过程的创新生态链。在这个全过程的创新生态链当中，我们比较薄弱的是基础研究这部分”，深圳市市委书记王伟中在参加央视《对话》节目时坦诚。

为此，深圳综合打造高校、鹏程实验室、光明科学城等科研基地，让公共的研发平台向所有人开放，致力于构建创新的全产业链，实现以企业为主体、市场为导向、产学研深度融合的创新体系。

例如，光明科学城致力于合成生物学研究，这是美国管制出口的技术之一。它从最初的一个实验室已经发展到目前近700人的研究所，正在探索“楼上楼下创新创业综合体”的模式，即楼上是研究院，楼下是企业，目的是缩短从技术到产品转化研究的周期，而生物技术领域的这个周期通常过于漫长，导致许多公司迈不过去。企业和研究院共用仪器设备，可以低成本地开始初创公司的运行，研究院又为企业提供智力支撑。“穿白大褂的、穿西装在一个楼里面，在电梯上，可能一个技术问题就得到解决了”，中国科学院深圳先进技术研究院合成生物学研究所所长刘陈立在央视采访中说。

深圳鹏程实验室则着力打造一个从事基础研究和国家重大需求专项的高地，为此采取了系列措施。例如，实行双聘制，所有的设施都向双聘人员和他的学生开放，钱和五险一金直接拨到原单位，发表论文原单位也排第一位。深圳速度、特事特办也体现在深圳政府对科研创新的支持上。“深圳这块土地呢，比较容易做成事儿”，中国工程院院士、鹏程实验室主任高文评价。在别的地方做一个几十亿项目费的大装置，从开始论证到一点点实施再到最后完成，最快要准备五到七年，甚至十几年的时间。而近期鹏程实验室做的一个项目费42亿元的大装置，从立项到安装完成只花了9个月，“在其他地方你想都不要想”。

而科技创新的共享平台也成为吸引全球顶尖人才来到深圳、落户深圳的一个重大的吸引力。此前深圳已引进十几个诺贝尔奖获得者，为他们建立了以自己名字命名的实验室和基础研究机构，重金求贤，每个实验室起步经费在一亿元以上。同时深圳市政府要求这些诺贝尔奖得主必须每年亲自带领团队到深圳工作一个月以上，且不能在其他任何地方拥有同类型的机构。“该由科学家去决定的事交给科学家，让科学家去做决定”，政府则根据能力，尽最大可能提供物理条件和资金支持，这是深圳的创新机制。

科技型的初创企业普遍缺少资金，为吸引更多初创者和初创企业落户深圳，深圳市系统谋划设立了天使母基金，作为高新技术企业、新兴产业发展的孵化器，从一期注资50亿元增加到100亿元。深圳市政府将规则、规矩定好之后，所有的政府官员不再参与，交给市场，由母基金和子基金去运作，政府最高承担一个子基金投入具体项目40%的风险。深圳市政府表示，若培养出一个类似华为、腾讯的企业，这点投入实际上是很小的。建立风险补偿机制，让社会资金更多投向种子期、初创期的企业，保障深圳的创新创业环境，吸引全国乃至全世界的投资人到深圳，基本上形成了一个良好生态圈。

“科技之都”的背后

改革开放前夕，国内经济发展滞后，一则“英女王为庆祝生日，逃到香港的人可以拿到港籍”的谣传下，当初的宝安县也就是现在的深圳出现逃港潮，屡禁不止。多重压力倒逼改革，深圳成立特区，试水改革。邓小平说，“中央没有钱，可以给些政策，你们自己去搞，杀出一条血路来！”这句话浓缩了特区建设和改革开放精神的内核——发展就是硬道理。

以科技为驱动，深圳创造了城市化、国际化、工业化、现代化的奇迹。1980年8月26日设立特区以来，深圳经过40年的挥洒深耕，经济社会发展取得令人瞩目的成绩：深圳GDP从成立经济特区前的1.79亿元，发展到2019年2.69万亿元。辖区内财政收入从成立前的几百万元，增加到2019年的9424亿元。和40年前相比，深圳面积是当年的6倍，人口是当年的42倍，GDP暴增为当年的14000倍。

深圳的转型与探索是不断筹谋和行动的结果，其成功离不开经济结构转型升级，离不开开拓型领导层和深圳人的锐意进取。1995年，深圳市委、市政府提出了“第二次创业”，在党中央、广东省委领导下，深圳市委、市政府大力发展高新技术产业取代加工贸易，成功地推动深圳经济转型；以先行者的姿态敢闯敢试，继续深化改革，提高对外开放水平，增创体制机制新优势。在以改革创新为动力，高速度、高效率、高质量发展的背后有很多鲜为人知的故事。

李子彬在《我在深圳当市长》一书中，记录了深圳20世纪90年代中期的自我革命。例如，在全国率先进行审批制度改革，把政府部门从繁忙的审批事务中解放出来；在全国率先实行经营性土地使用权公开拍卖，政府工程全部实行招投标，从源头上铲除滋生腐败的土壤；大胆探索国有资产授权经营制度，推进国有企业进行混合所有制改革，完善公司法人治理结构，切实转变企业经营机制，为全国的国企改革和发展发挥探路作用。

20世纪90年代，深圳的杀人、绑架、抢劫和涉枪犯罪案件频发，社会治安问题严重，一直是广东省委、省政府和深圳市委、市政府非常重视又非常头疼的大事。一个歹徒发往家乡的电报上只有6个字——“钱多人傻速来”，一度成为全国人民调侃深圳人的流行语。两年内实现社会治安基本好转，再用三年时间实现社会治安更大好转，深圳市委、市政府铁腕整顿社会治安，还百姓一个清平世界。

当深圳市政府提出以高新技术产业为先导的同时，面临一个问题：高新技术企业落户在哪里？为解决这一问题，1996年深圳市决定把南山区的五个工业园区进行清理、整合，建设了高新技术产业园区。整合前的工业园区开发不足，里面还有个占地1.6平方公里的养猪场。整合之后三年，园区被列为五大国家重点高新技术园之一。到1999年，深圳市高新技术产业已初具规模，而在1999年，停办荔枝节，改为举办中国国际高新技术成果交易会（简称“高交会”），可以视作深圳市全力向高科技转型的一个重要标志。首届高交会从酝酿、筹备到开幕只用了短短一年零三个月，创下深圳速度。

1999年10月5日晚8点，首届高交会正式开幕，朱镕基总理“站台”亮明国家态度，在开幕致辞中向世界发出了中国发展高科技的时代强音。这次高交会集中展示了新中国成立50年来，特别是改革开放20年来的高新技术成果，参展企业

2856家，项目成交额64.94亿美元，为中国企业和科研机构走向国际市场创造了条件。

就这样，深圳高交会在继中国出口商品交易会（广州）和中国投资贸易洽谈会（厦门）之后，成为面向国际、辐射全国的第三个国家级交易会。如今的科技巨头——腾讯也是在高交会上获得第一笔资助，并在十多年光景里迅速成长，从一个即时通信起家的网络公司，跻身互联网行业当之无愧的巨头。

“深圳的GDP增长已有35%来自创新驱动，创新创业正是深圳能够持续高速发展的核心驱动力”，2015年11月，时任深圳市政府副秘书长高国辉在接受采访时曾如此讲到。

企业家取代荔枝成为深圳的新“特产”。全国工商联的调查显示，深圳是中国营商环境排名第一的城市。相较之下，央企、外企、地方国企、民企在此得到公平竞争，“没事不扰，有事必到”成为政府准则。作为改革开放的桥头堡，多年来深圳在创新环境、政策支持、资本助力等方面不遗余力，从而成就了深圳经济特区四十年的创新神话。举例而言，深圳每年以不低于4%的财政收入投入到科技创新之中，带来了整个城市的科技繁荣，高新技术企业在这里不断创办，优秀的创业者纷纷来此发展。

深圳再出发

成如容易却艰辛。1980年8月26日，全国人大批准深圳、珠海、汕头、厦门四个经济特区同时成立，它们的使命都是改革的实验场，作为开放的窗口，辐射带动内地经济发展。深圳的前身是宝安县，面积只有2000平方千米，30万农民在这里劳作生息。宝安县是没有工业的纯农业县，而珠海、厦门和汕头都已是地级市，人口和经济总量都大于深圳。这四个经济特区成立后的前15年，享受的中央政策相同。但是，特区成立17年后，珠海、厦门和汕头的经济总量就只有0.87个深圳了；特区成立38年后，三个特区的经济总量就只剩下0.45个深圳了，连1/2 个都不到。很多人问，为什么后来深圳的发展速度更快一些，经济效益、经济质量更好一些？

为什么是深圳？2015年，时任深圳市市长许勤曾经这样回答：

第一，得益于中国特色社会主义制度，只有在这个大的制度体系下，有中国特色社会主义，才能有深圳，才能有这么好的发展环境，才能成就深圳众多的成就。

第二，要归结于深圳人改革、开放、创新的精神，还有包容的文化，使得大家在这个地方能够寻找到最好的创新创业环境，能够赤手空拳到这个地方，通过奋斗成为著名的企业家，能够成就自己的事业，能够产生巨大的经济和社会效益，这是特区人、特区的精神。

第三，香港在深圳经济特区发展中扮演非常重要的角色。深港合作对于深圳的经济发展，对于它快速成长为一个经济中心城市有着非常重要的作用。另外，深圳比较先进的市场环境、市场意识，它的科研人员、企业家环境，也包括其他的宏观环境，比如法治环境、政府的服务环境、政策和规划的导向、非常先进的城市规划理念，也包括现在推行的绿色低碳发展路径，都是深圳成功得益的因素。

40年前开始改革的时候，深圳比其他几个经济特区更加一穷二白，没有固化、排外的利益与文化，蛋糕反而容易做大。“来了就是深圳人”，深圳人凭借闯劲来获得幸福生活。如今再次出发，改革需要触动利益、变革蛋糕，更需要打破僵化，坚持创新思维。

深圳目前承载人口2000多万，每年有四五十万人进入深圳。教育、医疗、住房等配套设施需要解决。对于教育资源不平衡、不均衡的问题，深圳市政府承诺近三年投入2300亿元解决孩子入学问题，未来五年投入超过四千亿，创造74万个学位。

在2015年的高交会新闻发布会现场，有记者向许勤市长抛出这样一个问题：深圳是创新之都，但不断高涨的房价让创新人士承受不了。在这样一场发布会上，中外媒体聚集，许勤该怎么回答这样一个较为尖锐的问题？理工科出身、一向低调且严谨的许勤脸上看不出变化。他正视这个问题，并且十分坦诚：深圳的房价上涨不太平衡，总体处于上涨趋势，甚至有的楼盘涨幅还比较大。

紧接着，许勤娓娓道来："一座城市在发展过程中，活力越强、环境越好，就可能集聚更多人口。如果人口集聚速度过快，就会与城市承载能力、基础设施和公共服务不相匹配，带来巨大的压力和矛盾。"许勤接着说，深圳必须正确面对、积极解决这个问题。一是要继续加大保障性住房建设力度。二是要对鼓励发展的产业加大支持力度，能够吸引更多的优秀人才。三是要深入实施人才安居工程。按照这个计划，人才安居工程销售的价格大约是市场价格的50%～70%，将更好地满足创新型人才安居需求，同时对房价产生平衡作用。"我们希望，通过创新、创业、创造，不断提高产品质量和企业效益，创造更多的附加价值，使创造的价值比房价上涨快，使市民的收入能够支付现有的生活成本，不断提高生活品质。"许勤说。

当然，现在深圳的创新也面临着挑战。深圳先进院院长樊建平表示，深圳的优势主要是在政策机制、产业基础等方面，而本地高等教育资源依然稀缺，以基础研究为主的科研机构的缺位、源头创新上的短板也会影响深圳的创新转型。

樊建平认为，“下一个四十年深圳如果再有奇迹，需要进一步创新和突破。要敢于冲破传统观念，特别在体制机制方面进一步创新，不断完善行政管理体制，用好经济特区立法，率先开展新型科研机构及新型研究型大学的立法工作。经过十到二十年的发展，形成一个知识的市场，在广东涌现一批世界一流的科研院所，成为经济发展的源动力，促使优秀企业不断涌现。”他说，粤港澳大湾区若要成为独具特色的世界级湾区，可以在国际上寻找我国科技发展的差异化的突破点，在我国具备相当科技优势的地方率先突破。

思考

多年前，笔者在采访肯尼亚孔扎科技城时，其CEO说孔扎科技城的目标是要建一个深圳这样的创新园区，希望更多中国企业投资肯尼亚，希望中国高科技企业去那里建立科研和IT发展中心。当世界上其他城市也在学习深圳时，为什么我国现在只有一个深圳，国内其他城市该向深圳学什么，值得思考。

陈　芬　《中国经济评论》杂志执行副主编

造芯泡沫启示录

最近，半导体项目“武汉弘芯”居然烂尾了，业内震惊，一片哗然。这可不是小项目，三年前成立之初，它可是“全村的希望”：它财大气粗，规划总投资额高达1200多亿，政府先期投入150多亿元；它有精兵强将，技术牵头人是来自台积电的蒋尚义，被中国台湾半导体界尊称为“蒋爸”，曾率队赢得了IBM之间的铜制程对决，是张忠谋的左膀右臂；它武器精良，进场设备是传说中“国内唯一能生产7纳米的核心设备ASML高端光刻机”。但它还是烂尾了。工厂建设都没完成，更别提技术推进，只留下了一个烂摊子：政府投资回收困难，银行贷款沦为坏账，农民工久久领不到工资。而当时攒局、承诺为项目找投资，卖过酒、搞过药的斜杠商人依然还在周边晃荡。

然而，“武汉弘芯”的荒唐结局并不是孤例。

2015年，南京德科码半导体项目成立，号称投资30亿美元，在南京、淮安、宁波三市落地，但2020年7月份，公司宣布破产。大股东动动嘴皮子，几乎没出什么钱。

2017年，成都格芯启动，投资规模号称100亿美元。结果只是买了一些新加坡厂2010年的设备，最终多方谈判未果，项目遗憾宣布裁员、停运。

2010年，长沙创芯项目启动，没几年就烂尾了。2016年有投资方接管，但2020年年初再度烂尾，土地房屋资产在淘宝上被法拍。

这失败的一幕幕不禁令人想起一位编剧的话，“怀念煤老板的日子”，至少他们真的出钱，而且不瞎指挥。

但是，造芯浪潮并不都是充满失败。尽管仍有不足，需要提升，但长江存储的固态硬盘、合肥长鑫的内存条都被消费者赞不绝口，而广州粤芯的12英寸晶圆也在产能爬坡中。

一成一败之间，到底有什么不同？显然，同一个时代，同一片土地，地方造芯工程已经不缺“天时、地利”，而不同的正是“人和”。要实现人和，必须同时具备“三大支柱”。

一、“企业家”式的地方政府

造芯工程的第一大支柱便是“企业家”式的地方政府。

要理解这一点，就需要从张五常提出的“县域竞争”来谈。张五常认为，改革开放后，中国每一个县政府就是一个微缩版的企业。地方长官的快速晋升取决于经济增长的成效与质量。在强烈的政绩指标驱动下，不同地方政府之间会相互竞争，殷勤而热心地招徕企业。同时，地方长官对于经济事务越发专业、娴熟。

“县域竞争”理论高度解释了造芯所需要的产业环境。

从国家意志、省部意愿到中层执行，只有“上下同欲”，造芯工程的土壤才能被培育出来。而造芯又是一个极其综合的工程，从最基础的纯净水供应，土地环评与规划，在地高校、研究机构的人才培养，到市场环境的发酵等等环节，都非常受制于所在地官员的素质，需要通力合作。

比如广州粤芯，深处改革开放的高地，宏观方面的营商环境自不待言。而合肥长鑫所在的合肥市在营商环境上并不输于长三角、珠三角的高效与专业。在珠三角的电子展会上，合肥市招商官员的身影随处可见。而合肥市经历了家电、面板、芯片三波高科技制造业的锻造后，成为举国公认的“风投”式地方政府，形成了“地方经济→产业集群→二级市场”的“合肥模式”。

其实，合肥的玩法并不算新鲜，地方政府的成功秘诀也早已遍知，但为什么很难再出一个合肥？

原因是在三波产业升级中，合肥市历练了一批极为专业的经济技术官员，他们各有职司，对于高技术产业的理解、掌握与寻找的经验在官僚系统中沉淀下来，形成了地方政府的肌肉记忆。

不仅如此，合肥市实际上遵循了由产业下游往上游的跃迁规律，每一步都需要十年作为一个周期才能稳固。无论是京东方的屏幕产能，晶合的面板驱动芯片，还是合肥长鑫的存储芯片，虽然看上去是合肥市政府主动出击，但其实都依赖于上游的海量需求，而这些需求均为市场自发，并不是政府硬拗拗得出来的。

武汉造芯也有技术出身的官员的引导，比如唐良智，毕业于华中科技大学半导体专业，对技术、行业也非常熟悉。但同在武汉，为何既有成功的长江存储，又有烂尾的武汉弘芯？同在南京，为何有台积电厂的投产，又有德科的破产？

因为地方政府的高素质只是造芯工程落地的第一个要求。要成功，还需要落实剩余两大支柱，“作战部队”和“作战战略”。

二、王牌与老兵的建制队伍

在战争中，既需要顶级“王牌”人物，成为部队的灵魂，又需要成建制的“老兵”组成军团。否则，便是光杆司令一个，难以发挥其威力，对于芯片产业更是如此。

芯片生产中，既有高精尖的技术环节，需要王牌人物实现突破；又有复杂的工艺环节，需要数万人同时紧密分工协作。

而在落后追赶时期，更需要如此。比如当年台积电大战三星时，如果没有“十万青年十万肝”的三班倒，仅靠几个蒋尚义等王牌人物，也无济于事。

而对于中国芯片而言，20年前，需要的是王牌精兵，像张汝京、张忠谋这样的领军人物。但如今，最需要的莫过于能打的老兵，无老兵，不成军。唯有大量技术过硬、品质可靠的中层干部，以实现对年轻一代的传帮带，才能扎实提高整体战斗力。

而目前推进至量产节点的三大造芯工程，无一不是“王牌+老兵”的组合，久经国内市场战阵的洗礼。

长江存储的高启全被誉为台湾DRAM之父，CEO杨士宁则是中芯国际的创业元老，曾为张汝京麾下宿将。2011年，中芯国际接管武汉新芯，国内芯片制造业的黄埔军校就此在武汉开了分校，一批中芯国际的老兵在武汉生根发芽。

杨士宁的下属程卫华便是这批中芯国际来汉的典型“老兵”。程卫华从浙江大学毕业后加入华晶，参与了908工程，留学新加坡后于中芯国际创业期加盟，深为张汝京看重。杨士宁来武汉后，程卫华跟随而来，作为长江存储联席首席技术官，负责技术研发团队工作。

合肥长鑫则经历了两任CEO接力。前任王宁国先后就任于华虹、中芯国际，回国效力已十多年。现任朱一明是典型的

"清华帮"创业，从外资瞧不上眼的利基市场一路拼杀出来，带领一个市场经验极为丰富的团队成就了兆易创新。

长江存储与合肥长鑫都有着长期稳定、奋战在一线的老兵。十年的艰难创业足以形成牢固的战友情谊，并筛选出一批最具战斗力的将才。而广州粤芯的团队组建时间虽然不长，其总裁陈卫曾为华虹副总裁，团队多元化，也有多位老兵。

在三大造芯项目的官网和官微上都能看到规模盛大的校园招聘与新人破冰活动。在2020年7月1日的培训营上，合肥长鑫的领导鼓励新人们：选择合肥长鑫，是选择了伟大的集成电路事业。

在当前环境下，在科技趋势下，半导体确实是伟大的事业，也更需要王牌与老兵的双剑合璧，培养出能力过硬、可堪大用的人才梯队，以继承、传承芯片伟业。

三、技术用奇，市场用正的战略

在所有的造芯工程中，广受诟病的几乎都是技术，而与之相伴的是或畸形或残缺的市场。比如成都格芯与福建晋华，两大项目都是工厂已经落定，却因为技术问题而抱憾退出。

根据集微网的报道，成都市政府不乐意外资方格罗方德以旧设备作价入股，所以谈判失败，成都格芯告停。而福建晋华的合作伙伴台联电因为追赶台积电的愿望过于迫切，早就被产业认为其屡屡游走在技术诉讼的边缘。

自己没有技术，企图依赖他人的拿来主义是不可取的。

不得不承认的是，在大多数高科技领域，中国作为一个后发追赶国家，自主创新极为艰难。因此，大多情况下，许多领域都遵循着一条“引进、消化、再创新”的技术路线，关键点则在于“如何获得技术”。而长江存储和合肥长鑫的技术突破都是独辟蹊径，又完全合规，得以与国际大厂在舞台上一竞高低。

比如合肥长鑫，通过购买早已破产数十年的奇梦达资产，完美地避开了专利陷阱，这个专利包足足有一千多万份有关DRAM的技术文件及2.8TB 数据。当在2019年宣布其技术来源时，市场既震惊又质疑。震惊的是，合肥长鑫居然钻进了丢弃数十年的“矿山”，质疑的是，这里是否还能挖出矿来。然而，几个月后，合肥长鑫19纳米的存储芯片量产，彻底打破了质疑。

而长江存储为了避免一直在背后追赶吃土的困境，采用了两招：一方面通过自主开发Xtacking架构，缩小了技术差距；另一方面跨出了两大步：制造上，跳过32层，直接量产64层；设计上，跳过96 层，直接设计128层。如今，长江存储的64层产品已经量产。

长江存储前执行董事长高启全接受采访时表示，他进入紫光后即主张，一定要花时间把技术稳健扎根、缜密布局专利，然后才有计划地逐步扩产，千万不能急。而长江存储的研发设计团队也分布广泛，在硅谷有一个，上海有一个，有国外的人才力量，也有中科院同仁。

长江存储、合肥长鑫造芯工程的技术突破战略就像中国历史上一直存在的“子午谷奇谋”：成功的关键不在于这一策略有多么意想不到，而在于我方的后勤、中军与前线部队是否准备充足。基于长远的战略考虑，不管是奇梦达的德国工程师，还是日韩的退休老者，都应该是我方的战斗人员。而团结一切可以团结的力量，中国的造芯工程才可在技术上用奇制胜。

广州粤芯走的则是市场成熟的技术路线。早在项目签约之时，广州粤芯绑定了高云半导体、联芸科技、晟矽微等十几个芯片设计公司，并对这些公司的未来营收做出测算。可以说，广州粤芯项目的设立是从一开始就算好账，做好排列组合的。

而与技术用奇配合的是在市场路线上用正，与合作伙伴共存共荣。

芯片从起点的制造研发，到最后应用于整机是一条漫长的道路。长江存储与合肥长鑫团结了行业上下游的主要参与者，包括存储控制器厂、模组厂、代工厂、消费电子品牌商等等，共同发力，做强国产芯片技术、做大国产芯片市场。

2015年以来的造芯热潮其实是第三次了。

第一次是改革开放之初，国家引进了数十条芯片产线，因为对软件、工程等两眼一抹黑，这些产线几乎全部失败。无锡的742厂，即后来的华晶，是这轮造芯热中唯一的成功者，由此先后承担了国家的“531”“908”工程。

第二次出现于世纪之交。但所有的官方IDM项目要么退出历史舞台，要么被迫转型。华晶几经波折引进技术，不堪贷款利息之重，转型代工。北京声势浩大的首钢NEC项目则因为日本存储巨头在国际市场上需求锐减，最终失败。上海华虹同样受到波及，艰难转型。

过程虽然痛苦，但经历了两轮造芯热潮的洗礼，还是沉淀了不少成果。比如“风投之王”合肥市政府，比如在中芯国际、兆易创新等公司几经摔打的国际化团队，再比如敢于介入、真正在做芯片的跨领域民营资本。

不可否认，在各地造芯热潮中，确实有一些沉渣间歇性地泛起，甚至让人生怕“武汉弘芯”事件重演。确实，历史的进步从来是螺旋上升的，有多少夺人眼球的成功，就有多少令人心酸的落寞。

中国的造芯之路道阻且长。而齐聚地方政府、作战队伍、作战战略等三大人和支柱也并非易事。在成功与失败之间，在地方造芯热的分水岭，再复制一个合肥是不可取的，但其中的经验值得反复品味。

在每一波周期中，不盲目跟风，而是顺势而为；发挥政府的主动，却又厘清政府的边界；重视王牌领军人物，却更在意人才环境建设；撬动市场的杠杆，却又尊重市场规律，唯有此，无论芯片，还是其他，才不会那么容易成为刹那花火的泡沫。

董世敏　杨健楷　远川研究所

风险资本如何推动科技创新

企业是创新的主体，科技创新型企业的发展离不开资本的助力。科技企业自身的研发周期长、成本高等因素决定了风险资本会在企业发展过程中起到举足轻重的作用。风险资本对我国科技企业的投资情况如何？国外风险资本对科技企业的支持举措有哪些是值得我们学习的？风险资本如何更好地发挥服务科技创新企业的作用？

风险资本是否可以更好地满足科技创新企业的资金需求

我国融资体系以间接融资为主，但是科技创新型中小企业的属性和商业银行对资产抵押、风险偏好、担保、信用等的要求很难匹配。银行和担保公司多以现金流动性作为融资担保，一级市场的科技型中小企业由于现金流量不是特别充裕、没有很多实际资产，很难通过商业银行及信用担保融资。科技企业虽然可能拥有较多的知识产权，但这些知识产权和技术的变现能力比较差。国家虽然鼓励知识产权融资，但商业银行给知识产权类企业贷款通常还是偏向估值高、资方大的独角兽类企业。对大部分中小型科技企业的融资需求，银行还是相对保守。同时，由于科技型企业研发试错时间长，技术研发成本高、风险大，商业银行的短期信用贷款并不能很好满足科技型企业研发的融资需求。

北京银行和一些地方性银行曾经尝试给中小型科创企业提供小额政策贷款，但是资金规模较小，基本在几十万到一百万，而且相关手续比较烦琐，银行风控也很复杂。相比而言，科技企业不如做好研发，以独特的研发优势和产品优势去吸引千万级以上资金规模的风险投资。

不论是人民币基金还是美元基金，主流的科技型企业基本上都是通过风险投资满足融资需求。风险投资属于价值投资，投资期限较长，从基金设立起，中早期投资最少也要7年的投资期限，可以给予科技型企业研发试错时间上更强的延展性。

除了投资时长的优势，风险投资对科技企业的赋能非常强，它们不仅提供资金，而且提供产品、市场及研发人员等方面的资源。这是风险投资相比保守型融资方式的最大优势之一，即资金以外的一些帮助。风险资本更关注企业估值，以及其下一轮融资或是回到二级市场的诉求。它会尽全力帮助企业开展研发项目，做好周边的服务，包括对项目估值的提高及合理规划。

风险资本最大的优势是对行业的发展趋势、初创企业的成长曲线及业务发展的特点比商业银行了解得更多，在做投资决策时不会单单依据一些硬性的、一刀切的指标去判断一家企业，而是做出综合性的判断，同时愿意承担一定的风险。只要这些中小型企业确实有科技创新的实力及将其产业化的能力，风险资本就可以去投资。

风险资本的优势还在于不唯资产论，不单纯去看企业的资产和财务数据。股权投资和债权投资的本质不同，债权投资求稳，股权投资，尤其是风险投资，赚的则是认知的钱。

国内外风险资本对科技创新企业的投资现状

不论是科技型企业还是模式创新类企业，国外的风险投资经验比国内更丰富，迄今为止科技创新企业也是美元基金一个主流的投资方向。美国硅谷、以色列从20世纪50年代开始就已经有比较成熟的风险投资体系。谷歌、苹果这些知名的美国上市公司，早期都是有美元基金的加成，才有了快速的发展。

国内从2000年的互联网时代，到2010年左右的移动互联网时代，一直到现在的人工智能时代，科技创新创业的时间比较短，大约有二十年的时间。这二十年间风险投资主要以美元基金为主，国内对科技创新进行的投资，比如一些人民币基金，其实还是在摸索中。

2018年后随着人工智能、短视频、支付体系、物联网生态等的发展，以半导体为代表的技术创新被推到了台前。但随着风口来临，一级市场和二级市场科技创新类企业估值偏高，呈现高泡沫的状态，其估值和融资体量、研发技术并不匹配。

技术创新最主要在于时间的沉淀和人才的积累，绝对不是用资金就可以解决的。不管是日本、美国，还是欧洲，这些传统的工业大国都很难在短时间内把某一种技术推向台前。短时间内二级市场的大量热钱涌入科技企业，但是其研发能力和技术攻关能力远达不到要求，更多是市场的炒作。对于科技创新，不管是半导体，还是人工智能等，都需要时间的积累。通过技术研发和产品迭代，少则五六年，多则十几年，才能造就出一批真正的科技创新公司。

从2018年开始，尤其是科创板推出后，创业投资在朝着硬科技的方向转变。科技创新类企业逐渐成为国内创业投资的焦点，在创投行业中所占的融资比例逐年增大。2020年上半年，半导体行业的私募股权投资已接近500亿，这在过去并不常见。半导体本就是一个比较热的话题。医疗健康也是有高科技属性的产业，投资同比也是上升的，互联网行业的投资同比下降。这从另一个层面说明，风险资本对投资行业的偏好发生了较大的变化。

2000年美国互联网泡沫后，国内的风险投资开始兴起。过去20年间，互联网成为创造独角兽最多的行业，未来10年我们认为半导体、工业互联网、医疗健康等方向会出现具有代表性的独角兽企业。

国外风险资本在对科技创新企业的投资方面做得也非常好。但是和中国相比，国外在制造业上的投资会少一些。国外的风投是从20世纪80年代开始兴起，当时国外的制造业都在向中国转移，或者一些有代表性的制造业公司已经是巨无霸级别的企业了，比如造飞机、汽车的企业，其内部运转不太需要外部风险基金的投入，导致国外风投对制造业的投资较少。当时国外软件业或一些软科技处于蓬勃发展的状态，受到风险投资基金更多的支持。风险资本的投资方向和一个国家整体产业链的发展状态是相关的。另外，国外科研力量与资金的匹配程度会更好，科技转化为生产力的过程中有其一套体系，转化效果更好。

风险资本服务科技创新企业的良好经验

智能制造方向的投资潜力巨大。未来二三十年，甚至更长时间，中国的制造业都会向着智能化蓬勃发展。虽然中国基础科学方面的一些技术不如国外，比如材料、半导体芯片等，但接触了很多的初创型公司后，发现中国的公司不是没有技术，技术也还可以，有些产品不仅仅性价比高，性能比国外还要好，但是在市场上很难打开局面。风险投资可以帮助这些初创型企业去打开局面、打开市场。

将自身智能制造产业生态圈的资源优势和企业的需求配合起来，给它们带去相当规模的订单机会，帮助拓展封闭性较强的行业，提供强有力的帮助和实实在在的赋能。

风险投资的一些机构会帮助企业规划战略、构建团队，形成了非常宝贵的经验。除业务之外，它们也会帮助企业和一些高级别的科研院所合作，让初创企业的技术优势进一步加强，通过和科研院所的结合，形成更高的技术壁垒。风险投资还可以帮助企业和地方政府沟通，现在很多地方政府非常务实，比如长三角和大湾区等地，它们吸引初创企业的条件也很有吸引力。风险投资可以帮助企业挑选更有优势的区域，通过和地方政府沟通，帮企业落户，使其在经营发展上获得更大的助力，比如租金减免、人才奖励、到一些产业链聚集地开展业务等，这些都是有益的经验。

风险投资也会遇到很多问题。比如有的企业技术实力非常雄厚，技术可以应用在不同的领域，如何选择其战略方向就很重要，如果每一个方向都做，就要付出很多精力，需要相关的人才去做产品，并且不同的客户对产品的要求不一样，还需要考虑到客户需求问题。这种情况下应当把风险投资的资源和企业的战略做协同，看风险投资服务的内容和企业的战略需求是否能很好地吻合。如果不能吻合，就会遇到障碍。

再比如科技创新产品面向市场的问题。以智能硬件项目为例，有的企业是中小企业，研发人员会占到整个团队的2/3。这种情况下，他们就很少有专门的人员去对接市场、产品方面的信息，对市场的认知和接收到的市场反馈是不足的。很多时候就会造成闭门造车的情况。对于技术类行业，不论是中科院的项目，还是产学研一体化的项目，市场化是最难的部分。政策支持大多偏向于研发方向，就会造成只是考虑技术而忽视了市场的需求和反馈，这是很多科技型企业所欠缺的。

风险投资会为科技研发类企业提供投后服务。技术的创新和迭代没有尽头，只有通过市场的反馈来对技术进行迭代。随着基础设施建设的发展、数据的累加，不论是硬件上的创新，还是软件创新、数据创新，技术会随市场的变化而变化。投后团队会定期组织企业技术人员、创始人和上下游的企业进行调研学习、深入探讨，组织科技型企业在市场端验证技术是否需要其他方向的迭代，以及是否有和硬件厂商联合开发的需求，这也是风投基金为被投项目所提供的除了资本以外的支持服务。

还有一个问题，技术产业化的过程非常慢。比如半导体的生产需要纯度特别高的硅，把硅棒切割成薄片，在薄片上做打磨，然后在薄片上用光刻机和刻蚀机再进行加工，理论上是这样一种工序。虽然我们知道这样的工序，但实际生产中，第一，高纯度的硅生产就非常难；第二，硅棒生产出来后做成硅片，再打磨成比镜子还要光滑很多倍，这个过程中的材料、设备、工艺等环节工程化难度非常高。从基础理论创新到产业化状态，中间最快需要10年左右的时间，慢的话可能要30年左右。

中国的科技创新大部分还是在工程应用方面。比如汽车电子公司，主要产品是汽车上用的各种控制器，产品形态为电路板，电路板上面有一些电子元器件、芯片，配合电路板通过一些程序和汽车的整体软件系统结合起来。其中的电子元器件、电路板都是可以在市场上买到，虽然个别应用的软件是自己开发的，但是开发软件的软件依然可以从市场上买到，最后组合起来的东西对汽车产业则是非常重要的组成部分。而想要进入汽车的前装，产品在可靠性、稳定性、一致性、安全性等多方面都有比较高的要求，对集成的能力要求很高。这个案例虽然不属于纯理论的基础创新，但也是技术的一种创新形式。

科技创新企业的关键特质

科技创新企业有一些特质或要素是风险资本所看中的，第一是企业的技术优势和技术壁垒，这是所有的科技创新中最重要的基础。第二是团队韧性、互补性及创始团队的格局、学习能力等要素。科技创新类的投资是个慢活。几年前互联网和移动互联网方面的投资，基本上半年时间公司的估值就可以涨到5倍、10倍，两三年就成为上市公司。但是制造业企业想要进入一个产业链很难，以汽车产业为例，产品可能需要至少5–7年的时间才能进入前装，制造业的科技创新和投资是一个很慢的过程，需要有耐心、有韧性的团队在做。团队有没有行业经验，韧性强不强，都很重要。比如2018年第四季度到2020年前三季度，汽车行业并不景气，韧性不好的企业可能就退出市场，但如果产品真的有特点，坚持下来，就能等到渡过行业周期的一天。团队的互补性也很重要，比如创始团队如果都是做技术的，缺乏市场人员，风险投资就会将它的短板补齐。第三是企业和投资机构资源优势的互补性，即风险投资的资源能不能真正帮到企业。此外，技术迭代的产品性及团队的研发背景也是非常重要的特质。

一些风险投资的中早期项目多为天使轮和A轮融资。早期项目一直到比较成熟的C轮融资，要经过两到三年的孵化。这期间团队的反应能力、快速学习能力、技术更新能力及市场的反馈都特别重要。科技类项目能否成功需要市场来验证，要根据用户的反馈去进行技术迭代。

有的风险投资拿到科技创新企业的商业计划书后，会先看技术是否处于没有巨头出现的行业中，第二是看他的团队是不是行业内比较顶尖的团队，第三是看团队的互补性，是否有研发人员、市场人员，以及和资本方、市场去沟通的商务拓展人员。资本的投后服务只是宏观上对项目有帮助，但是具体的对接也只能是团队自身的项目人员来对接。

小到垃圾回收的二次处理、马桶的无害化处理，大到芯片、军民融合的很多项目，科技创新企业其实最主要不在于创始人会讲故事，而是抛开这些表面的东西后，其项目的市场有多大，技术现在处于哪一阶段。社会的发展影响技术创新，互联网时代可以做一个APP，但在大家还没有智能手机时，即使有再先进的技术，也无法实现。

新基建概念的提出，国产替代芯片技术的研发，疫情后的大健康、大数据行业，以及各行各业和技术相关的概念，都被炒作得比较热。高估值、高泡沫的情况下，团队是否能真正踏踏实实搞研发？风险投资最看重科技企业的团队成员是否既懂市场，又能踏踏实实钻研技术、搞研发。

从市场要素来看，细分的市场有大有小，增速有快有慢，行业周期有起有落，这些都很正常。而且中国国内市场巨大，风险资本也会考虑市场方面的因素，但是和市场要素相比，前几个因素会更受重视。

国外风险资本对科技创新企业的支持，有哪些值得我们学习

国外很多风投基金的存续期比较长，存续期是指基金从投资到退出的时间。国内一些好的风险投资机构，尤其是一些投资人民币基金的机构，一只基金的存续期可以做到七八年，国外一些风险投资基金的存续期有可能要到十几年。风投基金的存续期长，就能在更长的时间周期内允许企业进行研发。七八年存续期的基金可能在第五年就开始考虑退出的事情，如果太急功近利，基础研究的一些技术就不太容易得到突破。

国内的风险资本退出有三种最主要的方式和一个补充方式。三种最主要的退出方式：一是IPO；二是并购，即企业被其他企业买走；三是老股转让，即风险资本将自己持有的未上市企业的股权或股份卖给其他投资机构。还有一个补充的方式是回购，即企业或创始人按照最初的条款将股权或股份从投资机构方买回。

国内并购方面，产业链整合的并购很多，但还不是最主要的部分。国内的一些并购更多是看并购企业的收入规模、利润规模，以及并购后对上市公司整体体量的增加。

国外并购方面，一些战略性的并购会多一些，他们更多考虑并购企业对公司整体发展战略的益处。也许并购的企业规模很小、利润和收入并不高，但技术能力非常强，正好可以补上公司的技术短板，公司因此可以发展得更好。以此为出发点的并购在国外并购中占的比重更高。以前国内以财务数据增长为出发点的并购占的比例较高，现在一些大的科技类公司也在做战略性的调整。未来的趋势很明显，大家会越来越看重并购对公司的战略意义。

此外，美元基金体系非常成熟，包括有限合伙（LP）的组成、投资理念。现在很多人民币基金是由一些知名的美元基金来募资。红杉、梅花这些头部投资机构多以美元基金为主，最主要的是美元基金的有限合伙人都是由一些校友会基金或世界五百强的家族性基金组成，它们的资金放到研发类企业，追求的回报不是短期的，因为这些有限合伙人就是了解市场、指导市场的企业家或学校基金会。他们了解研发的价值、时间成本和人才成本，对项目从研发到产品到迭代的整个产业链有清晰的认知，就会以价值投资的心态投资科技企业，并不急于获得短期回报，和银行注重短期利差的行为区别很大。

国内人民币基金的有限合伙人组成比较局限，包括个人、上市公司及市场的引导基金。引导基金因其国有资产的考量就会有很多约束条件，比如退出期限、保底收益等。上市公司投资的钱多涉及商业借贷行为，它们的资金参与到股权融资就会出现短钱长投的情况，不能坚持长时间的研发投资。

这就导致到现在为止人民币基金比不上美元基金的发展速度和回报。资金越是追求短期、保本的回报，就越是限制了研发类企业的发展。人民币基金的组成结构导致了其很难在短期内对科技研发类企业有大的帮助。

很多热钱在国产替代芯片的爆发中涌入像中芯国际这类以半导体芯片为代表的二级市场企业，其实更多是一种短线炒作。人民币基金或资本方虽然也参与到股权投资中，但还是以快进快出的形式追求短期回报。这和研发类企业从研发、市场实验、中试到最终的实验及产品的层层迭代所需要的长期投入是相违背的。

以人民币基金为代表的投资机构要有一种理性的心态，放慢投资的节奏，减少投资的数量，把资金分散开投入到更多的中早期项目中。中早期项目是创新创业的主动力，是真正需要以人民币基金为代表的投资机构重点关注的。对于中后期项目，一些体量较大的企业可以获得银行授信，对资金的需求并不高。

如何解决国内风险资本投资科技创新企业遇到的问题

科技创新应更多来源于学校、科研院所等，但是现在科研成果转化体系还没有完全建立好。大部分科研人员都在勤勤恳恳、任劳任怨地工作，但是这里边也会有一些被“钻空子”的事情，比如科研经费如何去分配。举个例子，笔者接触过一些科学家，他们有非常多的好技术，但是他会选择说今年就做这个技术，更好的技术明年再做，如果今年都做完，明年就没有科研经费了，会出现这样的问题。虽然这只是一部分情况，但是这样的科研模式并不是健康、良性发展的状态。现在科研成果转化体系的状态还不是特别好。

风险投资向企业注入资金，陪伴企业成长一段时间，然后退出，拿到投资收益。这一过程中监管的政策有待完善，比如税务政策，税收高是一方面，另一方面是各地的税务局对税收政策把握的标准和尺度不一致。我们投资制造业，承担了很多风险，关键是亏的钱不从赚的钱里边扣除，即赚了钱要缴税、亏了钱就白亏。不同地域的基金面临不同的税收管理方式，基金收益的一大部分需要缴税，有时候就很难和出资人沟通税收的处理办法，也会影响出资人以后的出资意愿。

国内的创新创业企业分几类：一类是对硬件设施要求高的企业，如半导体产业对实验室、厂房有需求。第二类是数据类企业，如人工智能这种偏软件的企业。资本并不能解决科技企业面临的所有问题。比如，投资国产替代芯片类的项目，其研发需要无尘实验室和生产线的支持、厂房的搭建，不仅需要资本，还需要政府的支持。考虑到会涉及土地规划用地，很多发展较好的城市对制造业企业的扶持力度还不够大。

对于科技类或科技创新的项目，基金的投后服务会帮助企业落户到很多地级市，投后服务团队需要花费更多时间精力去投入到与项目所在地级市政府的沟通与合作。

科技型企业相比共享经济等的模式创新企业而言最大的问题在于其不可能短时间内形成有效的产品或服务去接受市场的验证。如果技术创新性不强，或者会被快速迭代，或者研发水平没有跟上行业步伐，研发出的产品就会没有人买单。资本最大的风险其实就是零和一，如果企业的技术不能领先同行业几年的水平，这种情况很危险，包括背后的资方及整个团队的辛苦付出在内，所有的投入就都归零了。

如果科技型企业的研发团队或项目团队对市场缺乏了解，那风险资本团队就有责任帮助企业做相关调研。对于企业，投后服务是比投入资金更重要的，能够保证被投企业获得足够多的市场信息、技术信息。

风险资本如何发掘好的科技创新企业？

风险资本发掘投资项目的渠道有以下几种：一是专业财务顾问（FA）的推荐，他们对科技创新类企业的前期调研工作做得比较好，和FA合作是寻找投资项目主要的渠道；二是和基金同业的合作，比如有的项目在天使轮投资后，通过投资机构寻找下一轮资金，笔者就有两个项目是在A轮、Pre-A轮接受了其他基金的股权转让；三是通过每年的创新创业大赛，比如工信部举办的创客中国大赛，大赛的项目基本以数字经济、人工智能、工业互联网等技术类项目为主。

笔者接触了很多高校和科研院所的项目，但是基本上没有投过，主要有两个原因，一是这些技术类项目研发成果的权责不明确，包括专利的权责，一些科研人员很难放弃公职出来创业，风险资本无法投资到只有技术、没有实体的项目中。二是很多项目的技术非常好，但是科研人员脱离市场，一些成果和想法很难在市场上实现。产品的市场成本高是技术很难落地的最主要原因。

现在市场上境外成熟项目在国内孵化或国外的优秀华人回国创业的项目较多，很少有从国内高校或中科院的成果中孵化出来的，这也涉及国企的体制问题。国内很多技术类独角兽企业的创始人大多有海外背景，了解到外国的一些新技术，依托国内庞大的市场回国创业，比如数据类企业、智能驾驶企业等。

有些风险资本会在做产业梳理和挖掘，或者在梳理生态资源时发现投资项目。不同的风险投资有一些重点关注的行业和方向，团队会梳理出行业内比较优质的公司，比如看一些重要产品的生产过程中，设备、零配件等所属的公司，如果一旦发现有优秀的、还没有上市的公司，有融资机会时，风险资本就会去接触该公司，进行相关判断，做出投资决策。

这些投资项目科技创新的起源，有的来源于高校的学术研究，比如笔者投资的大学生创业项目，是项目创始人毕业设计所做的方向，并且他觉得这个方向继续做下去未来可以实现产业化应用；有的是来自成熟公司的人员，在不违背职业道德的情况下，把之前积累的一些技术去做产业化应用。

高校科研院所的科技项目存在一个问题，很多学术成果产业化的路径不是很通畅，实验室做出来的产品是否能进行工业化生产，不确定性比较大。国内学术成果产业化的效果不是特别好，但是这个情况在改善，因为中国的制造业有两个比较大的特点，一是它的市场很大，二是配套供应链的能力还比较强。

企业资本支出的计划是风险投资在投资决策中重点考虑的部分，企业拿到钱后是否能进一步巩固、加强其技术优势或进行新方向的研发，风险资本都会有相应的一些要求。投资的项目资金会有一大部分用于研发，一部分用来生产，以及用来补充流动资金等。

如何进一步鼓励风险资本更好发挥服务科技创新企业的作用

一是科研环境要更开放。二是国家和地方政府可以多扶持早期的技术类项目。社会资本会在短的时间周期内追求回报，比如在8—10年间需要退出所投项目。重点在于是否能够将不同来源、不同属性及不同回报需求的资金组合起来，通过不同阶段资金的互相配合把一些好的技术进行商业化，从而变成好的产业。现在有些地方政府做得很好，政府主导的一些基金要求的投资回报并不高，这样相对稳定的资金可以帮助公司慢慢变得更强更大，也会给团队很大的鼓励和支持。三是风险投资的监管方面存在“一刀切”情况，将市场里的不同参与主体视为同一类加以监管，比如风险投资资金和P2P公司的监管标准是否需要同样严格。现在我们的一些监管政策，其适用的公司，比如有做小额贷款、风险投资、二级市场股票投资、一级市场投资等，这些监管的尺度是否都要一样呢？不同机构面临的风险不一样，制定监管政策需要多考虑这些问题，也应多征求市场上相关公司的意见。监管标准的统一化会导致基金在运营上花费更多的时间和精力，虽然政策制定比较容易，但是微观来看基金的合规成本会上升，甚至会造成社会资源的浪费。

因为科技研发类企业估值高、研发费用高，该方向的风险投资一般体量非常大。这种情况下，很多地方政府对项目的研发补贴，以及产业引导基金的投入，都是很好的帮助和支持。不同的省市对于技术产业的引导方向不一样，比如西安主要以航天科工方向为主，对于风险资本而言，如果要投航天项目或军民融合项目，就会有明确的方向，即联系西安当地政府去合作。如果要投硬科技方向的项目，就去找西安的引导基金。政府的引导基金会起到示范带头作用，以本地的产业方向去吸引社会资本，给社会资本配资。

政府引导基金的模式是近三年才兴起的，不同的省市情况不同。很多经济发达的地方已经有专门的引导基金。但是一些中部城市、二线以下的城市没有设置引导基金。可以在政策层面引导VC、PE等市场化机构去发起引导基金，根据地方特色，寻找优秀项目。城投、国企出资或财政出资为主要形式的引导基金或产业基金给社会资本配资，这是一个比较好的思路，而且这种模式是境外所没有的。这种模式的弊端在于实施起来会比较困难，一是政府对项目、基金的筛选会比较苛刻，二是由于担心国有资产流失，会对投资决策设置一些限制条件，所以各地政府在设置引导基金时还是比较保守的。

笔者曾经申请工信部的一个中小企业引导基金的子基金和科技部成果转化的一个子基金，这两个都是投向技术和研发类企业的。在笔者的实践中，存在手续复杂、地方政府担心风险而设置相应限制的问题，所以很难有符合地方政府需求的市场化基金可以纳入引导基金的体系中，最终很多合作还是国企之间的合作。政策的支持和市场化的落地是对科技创新的鼓励，对科技项目及成果的支持也是创新发展的推动力。

人才配套及对人才的奖励措施方面，研发人员需要有好的研发环境和市场环境踏踏实实把技术放到实验室去孵化，在市场上进行验证，同时地方政府要给予研发人员比较好的优惠政策和生活条件。人才引进和人才本身利益诉求的满足，对于招商引资或项目发展都是至关重要的。对于中早期项目，政府和政策的支持，尤其是刺激性的现金支持非常重要。

现在很多省市的招商引资大多面向科技类项目，对这些项目非常欢迎。但是与其拿一千万给到十个团队，不如拿这一千万去吸引一个学科带头人，或者以大的预算去吸引一个研发类企业或科技型企业的领头人、学术带头人落户到当地，这样可以更有效地提高科研团队和科研项目的价值。如今很多省市的高新园区的基础设施建设已经很好，更重要的是当地政府能不能把更多的资源集中到学科带头人身上，以学科带头人为主去发展技术，以学科带头人的能量和技术吸引客户、市场和上下游企业，进而把技术成果转化成产品落地，这样对政府招商引资而言也是有利的循环。

肖　毅　澳盈资本合伙人

陈　越　天鹰资本合伙人

（作者于2020年10月接受《中国经济评论》采访，

本文是根据该采访整理而成的文字稿）

第六章
创新实践启示

华为创始人任正非曾说过，现在的时代，科技进步太快，不确定性越来越多，我们也会从沉浸在产品开发的确定性工作中，加大对不确定性研究的投入，追赶时代的脚步。固守陈规是最容易的选择，但也会失去大的机会。

企业是创新要素集成、科技成果转化的主力军。向科技前沿领域聚焦，向“卡脖子”环节攻坚克难，向关系人民对更美好生活期待的领域倾斜，应成为企业创新的发力方向。

华为的创新与挑战

华为是全球最大的专利持有企业之一，2019年华为的研发费用达1317亿元，占全年销售收入15.3%，近十年投入研发费用总计超过6000亿元。研发方面的大量投入使得华为在5G等领域的技术进步与竞争对手拉开距离。

华为在5G、IT领域的迅猛发展加强了中国在制定网络标准方面的发言权。美国特别关注基础设施建设，华为引起了美国的警惕。出于担心装有中国设备的5G网络可能会对美国国家运行和网络安全带来威胁，美国从2019年5月开始对华为实行一系列制裁。

制裁

2019年5月16日，美国商务部对华为实施出口管制，所有产品如有25%以上的技术来自美国，须获得美国商务部颁发的许可证，才能向华为供货。

这一轮制裁下的华为，一方面，由于提前储备了大量美国元器件，熬过过渡阶段。随后，英特尔、美光等美国芯片企业从爱尔兰、以色列等美国之外的芯片工厂继续供货华为，欧洲、日本、韩国的供应商也因美国技术含量没有超过25%而持续供货。另一方面，得益于华为旗下芯片设计公司海思全球领先的芯片设计能力，过去一年由海思自主研发设计的多款芯片应用到手机、平板电脑、服务器、人工智能领域，替代了原本来自高通、英特尔、英伟达的芯片产品。

2020年5月15日，美国政府对华为实施第二轮制裁，要求使用美国技术的晶圆代工厂替华为生产芯片之前，须先获得美国政府许可，现有订单要在9月15日前赶工完成。

对该制裁，华为最初打算用中国台湾厂商联发科设计的芯片替代自研芯片，向其下了大量订单。然而8月17日，美国政府发布禁令，要求全球使用美国技术的所有芯片企业在给华为出货前必须获得美国政府许可，切断了这一芯片来源。

9月15日，美国禁令生效。一直以来，华为手机主要使用海思自主研发的麒麟芯片，该芯片的设计用到美国的EDA软件，并由芯片代工厂台积电生产。目前全球的芯片设计和制造均使用大量美国的软件和设备，9月15日后，台积电就不能为华为制造其设计的芯片。而且华为需要获得美国政府的许可，才能通过外部供应商联发科、高通等采购芯片。中芯国际、高通、索尼、三星等向美国政府提出供货华为的申请，但无一家获得批准。

禁令生效后，华为积极备货、调整，但很难保持往年的节奏，上市的多款中高端华为手机开始“惜售”。2020年10月22日20时，华为下半年的旗舰手机Mate40系列通过一场线上发布会在海外市场亮相。发布会结尾，华为消费者业务CEO余承东表示，华为现在处在非常艰难的时刻，美国政府的第三轮禁令极不公平，导致华为处境困难。

最大的困难在于芯片。若美国继续高压制裁，Mate40手机上的麒麟芯片可能会是华为自产旗舰芯片的最后一代。

影响

华为的业务分为四大块：运营商业务、企业业务、汽车业务和消费者业务。

运营商业务占华为整体收入的35%，这一领域是美国重点打击的目标，华为的准备也最充分。5G设备的年出货量仅以万计，且国外电信运营商对其的需求远不及国内。5G业务上，华为遭遇以“国家安全”为由的政治角力，业务在一些反对声较多的国家已开始收缩。

企业业务占华为收入的10%，制裁导致的冲击相对可控。企业业务受影响最大的是两项新业务，基于英国ARM架构的服务器芯片鲲鹏920及使用该芯片的泰山服务器，昇腾系列AI服务器。这两块业务使用的鲲鹏和昇腾系列芯片均为华为海思设计、台积电代工，受美国不允许台积电为海思代工影响，芯片在库存用完后将无法生产。这两块业务发展的时间短，即便被迫暂停，不会对华为收入产生很大影响。

华为新兴的汽车业务主要向车企提供5G车载通信模组、激光雷达、操作系统等产品，该业务需要使用华为的库存芯片，包括昇腾系列AI芯片。但北汽新能源和华为合作的首款汽车要到2021年四季度上市，美国制裁短期内还难以影响到这个部门。

受美国打压冲击最明显的是华为的消费者业务，该业务收入占华为整体收入的一半以上。华为手机每季度的全球销售量超五千万台，如果库存芯片使用完仍无法获得新的手机芯片，将面临断货的风险。消费者业务上，华为还将重心转向手机以外的硬件产品，包括笔记本电脑、智能音响、智能手表等。由于美国商务部没有限制华为生产5G手机以外的硬件产品，故手机外的其他硬件产品受影响不大。

美国制裁之下，华为手机销量骤减。据IDC数据，2020年二季度，华为手机出货量5580万台，位列全球第一，市场份额达20%；三季度，华为手机出货量降至5190万台，回到全球第二，市场份额降至14.7%。美国的制裁使得华为调整消费者业务，2020年11月17日，华为整体出售荣耀业务资产，从而使得荣耀系列和供应商能在美国制裁外得以延续。

挑战

中国信息化百人会2020年峰会上，余承东表示，过去十几年华为投入巨大的研发资源从事芯片领域的研究，芯片的设计技术从严重落后，到比较落后，到有点落后，到终于赶上来，到领先，再到现在被封。华为很遗憾没有参与到半导体制造、重资金密集型、重资产投入型领域。他呼吁产业链人士在半导体制造方面共同努力，突破EDA设计、生产制造、材料、设计能力、工艺、封装封测等能力的难关，在第二代半导体进入第三代半导体的时代实现超车。

为避开美国在技术上的围追堵截，华为正大力扶持国内产业链。华为创始人任正非也于2020年密集访问复旦大学、清华大学、中国科学院等科研院校，并与其达成合作。据报道，华为要在2022年或以前，用不含美国技术的生产线生产出28纳米制程的芯片。很多处理器的芯片不一定需要10纳米、7纳米这么先进的工艺，28纳米制程的芯片就可以使很多业务正常运转，比如安防摄像头、电视业务。除投入28纳米生产线，2019年4月华为成立了哈勃科技投资有限公司，投资了半导体制造产业链上的一些公司，通过投资和华为的技术帮助产业链实现成熟和稳定。

除了硬件，软件方面华为也面临挑战。2019年5月，华为被美国列入实体清单后，谷歌不再向华为的新款手机提供谷歌移动服务。这样的限制对中国市场的影响很小，对习惯使用谷歌服务的海外市场则是不小的打击，据华为2019年年报，华为消费者业务海外收入因此受影响约100亿美元左右。

对此，华为着力打造自有操作系统鸿蒙和华为移动服务。从2019年8月开始，华为陆续推出电视、手表、车机的鸿蒙系列版本。2021年6月2日，华为发布可覆盖手机等移动终端的鸿蒙操作系统，并公布了鸿蒙设备的更新计划，华为不同机型的手机陆续可更新为鸿蒙系统。由于此前，诺基亚、三星、阿里巴巴、微软等科技企业都曾在手机操作系统领域败下阵来，市场上对于鸿蒙能否成为第二个安卓仍疑虑颇多。2020年中，华为移动服务基本具备了谷歌移动服务的功能，此后将吸引各类手机应用从安卓系统迁移过来。

以半导体产业为例，中国的技术发展和美国相比还有相当的差距，技术的研发时间无法缩短，不是三五年就能够追赶上。时间的沉淀、人才的积累、资本的投入等因素缺一不可。

我国和发达国家的差距关键体现在基础研究方面，任正非多次强调基础研究和基础教育的重要性。他认为，中国要重视一些不以应用为目的的纯研究，发展基础工业，来解决技术领域“卡脖子”的问题。中国在基础研究方面的投入还有待进一步提升，政府、企业、科研院所等参与主体如何在基础研究和基础创新方面发挥更大的作用则是至关重要的命题。

张　乐　《中国经济评论》杂志主笔

京东方：全球半导体显示工业中崛起的中国企业

由初期经历战略方向的一系列摸索到选择进入风险巨大的高科技工业，由一家没有技术和主营业务的边缘企业成长为全球半导体显示工业的龙头企业，京东方历经行业起伏却凭借规模经济和技术进步的速度不断扩张。

以京东方为主力的中国半导体显示工业的崛起，是中国发展“高新技术产业”或“战略性新兴产业”过程中一个突出的成功。

寻路

京东方的前身是始建于1953年的北京电子管厂。新中国成立后的前30年间，北京电子管厂是中国最大、最强的电子管厂。改革开放后，国防需求的陡然下降和采用半导体技术的电子产品的大量进口导致产品市场萎缩，北京电子管厂陷入危机。

1992年，北京电子管厂改制为股份公司，北京东方电子集团自此成立，并于2001年改名为京东方科技集团股份有限公司。成立初期，京东方对未来发展战略方向进行了一系列探索，做过数码相机、笔记本电脑在内的终端，涉足过一卡通、网站，但都没有很成功。

京东方1997年于B股上市后筹集到3亿多港元。当时有员工表示做工业太难、提议做房地产，京东方创始人、时任京东方董事长的王东升表示，“我们是做工业起家的，如果像京东方这样一直做工业的企业都转向做房地产，工业谁来做？中国的工业自动化、现代化怎么实现？”

前期经历了一系列摸索，京东方最终坚定了前沿技术器件产品这一发展方向。2003年初，京东方决定进入TFT-LCD（或称液晶面板）工业，当时正处于CRT（显像管）逐渐被LCD（液晶显示）取代的前夜。

2003年1月，京东方以6000万美元收购韩国现代显示株式会社的液晶面板生产线，该生产线价值3.8亿美元。当时中国内地高校尚未设置半导体、液晶专业，京东方在国内找到学微电子专业的120个人，并将这些技术人员派往韩国学习。这些技术人员在京东方后来的发展起到至关重要的作用。经过对LCD技术的消化、吸收和再创新，京东方成为当时国内唯一拥有液晶面板核心技术的企业。

与此同时，京东方加速打造国内第一条产线。2003年9

月，京东方以“银团贷款+政府投资”的方式，在北京经济技术开发区启动了总投资达12.5亿美元的第五代TFT-LCD生产线建设。于2005年量产的该产线结束了中国内地无自主液晶显示屏时代。

同年9月，京东方再次斥资10.3亿港元收购台湾冠捷26.38%的股份，主要从事各类显示器产品组装和销售的冠捷科技是当时全球排名第二位的显示器供应商。对冠捷科技的收购，京东方解决了第五代TFT-LCD生产线产品起步的市场问题。冠捷科技在香港和新加坡两地挂牌上市，境外资本市场也为京东方和冠捷科技显示事业的后续发展提供有力的资金支持。

2003年京东方在平板显示方面先后解决了技术、生产和营销等核心问题，其发展TFT-LCD产业的整体战略部署完成。几年后，中国花费二十年时间发展起来的彩色显像管工业成为过去，国内必须依靠进口显示器才能生产彩电，TFT-LCD的重要性才愈加凸显。京东方抓住了LCD取代CRT的行业升级转折点，随后经历十几年的发展，成为LCD显示领域的先驱。

经过两次收购，2003年底京东方的资产负债率超过74%。为减轻财务危机，一方面京东方开始寻求定增，和地方政府协商定向增发募资，另一方面通过出售一些资产获得现金。其间也有其他试图进入面板行业的厂商，如吉林彩晶项目、上海广电集团的五代线项目，这两个项目均因资本未能持续投入而以失败告终。

扩张

创新之路，步履维艰。京东方在国内自主建设的5代线2005年刚量产就遭遇“液晶周期”的衰退，从而导致连续两年的巨额亏损。后来，京东方通过自主建线逐渐积累起技术能力，并于2008年建设成都4.5代线时找到产业扩张的融资渠道：即向政府或者特定的“战略”投资者增发股票以获得足够的资本金。

全球金融危机爆发后的2009年，京东方尽管主营业务亏损却逆势扩张。2009年4月，京东方自主建设的6代线在合肥开工，这也是中国的第一条高世代线。8月，京东方宣布在北京建设一条8.5代线，该消息一出，日韩和中国台湾企业纷纷表示要在中国大陆建设高世代线，引发了2009年秋后的一场“液晶热”。

2010年末，全球TFT-LCD工业陷入一轮长时间的价格下跌，日韩和中国台湾在2011年均亏损。于2010年末获批在华建线的三星和LG也放缓了建线步伐。京东方的两条高世代线和华星光电的8.5代线到2011年全部投产，在2012年均满产满销、实现盈利。

从2004年到2010年，中国工业在全球半导体显示工业中产能份额基本未变。从2011年开始，以京东方为首的半导体企业的发展推动中国的半导体显示器工业强劲赶超，中国半导体显示工业产能份额开始迅速上升，改变了全球产业的成本结构。从而日韩和中国台湾企业很难在传统的大宗液晶面板市场保持优势，并发起新一轮技术竞争，将投资重点转向OLED领域。

随后京东方在LCD领域建设合肥8.5代线、重庆8.5代线、福州8.5代线、合肥10.5代线等，在OLED领域建设鄂尔多斯5.5代AMOLED生产线、成都第6代柔性AMOLED生产线、绵阳第6代柔性AMOLED生产线、重庆第6代柔性AMOLED生产线等。

京东方以十几年的耕耘终于打破日韩垄断，在LCD行业做到全球销量第一。而在OLED领域，韩国三星和LGD分别垄断了手机、电视用OLED屏幕供应，总计占比超过90%，当前中国OLED产业与其差距巨大。

从2010年起，AMOLED面板逐渐成为高端手机的标配，国内面板厂商也开始纷纷涌入AMOLED赛道。2017年，iphone X的发布让AMOLED开始受到全民热捧，这一年三星显示凭借技术和产能上的优势占据了94.7%的市场份额，剩下的市场份额也被苹果扶植起来的LGD占据。

2017年8月，苹果投资了3万亿韩元（约合27亿美元）用于LGD的G6 AMOLED产线建设，旨在遏制三星在AMOLED领域一家独大的局面，从而获得更大的议价权。但LGD的产能和质量无法和三星抗衡，苹果也开始将视线转向AMOLED面板技术日趋成熟的中国大陆。

京东方在OLED领域起步较晚，于2011年开始规划，2012年在北京建立OLED试验线进行相关研发工作。2017年，京东方成都第6代柔性AMOLED生产线量产，由此打破了三星显示对OLED屏幕的垄断。

2021年，多条国内AMOLED产线投入建成，中国在这一领域开始加速赶超。京东方重庆第6代AMOLED（柔性）生产线项目2020年7月完成主体厂房封顶，将于2021年底投产。该项目总投资465亿元，是京东方全自主设计、开发和建造，采用全球领先的主动有机电致发光AMOLED技术生产柔性屏，是目前世界上最先进的AMOLED生产线。

据天风国际研报，2021年发布的iphone 13系列出货量将超过iphone 12系列，苹果在iphone的屏幕供应链上将承担较大压力。京东方可能凭借技术升级后的绵阳第6代柔性AMOLED生产线和重庆第6代柔性AMOLED生产线获得苹果的订单。

面板行业是典型的资本密集型行业。京东方在面板行业从零做到第一，扩张的主要融资来源首先是地方政府，虽然也是通过资本市场的形式（由京东方向地方政府的融资平台定向增发股份），其次是往往由国开行牵头的银团贷款。京东方在各地投资面板产线缺乏本金时，会和地方政府协商，通过资本市场向当地资本投资平台定向增发，将拿到的资金投入当地建设企业发展。以这种“政府支持+市场化运作”的方式，京东方在全国多地共建设了十几条产线。

京东方融资规模不断扩大，产线快速扩张，净资产翻倍增长。据京东方2021年半年度财报，京东方归属于上市公司股东的净资产达到1119.46亿元，总资产达到4354.76亿元。京东方不仅敢于进行高强度的投资，更能将巨额投资转化为经得起市场竞争考验的生产力。

规模扩大伴随着技术进步，京东方不仅能够开发全球领先的液晶产品，而且迅速进入新的显示技术领域。京东方不论经营如何，都坚持将销售收入的7%用于研发投入。2021年上半年，京东方研发投入59.30亿元，同比增长51.11%。长期的技术积累，不断优化的产品结构，京东方显示产品总出货量稳居全球第一。

高额的资金投入压力下，连年亏损的京东方于2013年终于开始实现稳定的规模化盈利。京东方2021年上半年财报显示，公司半年度营业收入1072.85亿元，同比增加89.04%，归属于上市公司股东的净利润127.62亿元，同比增长1023.96%。

转型

在面板行业做到全球第一后，2013年京东方在显示业务外开始探寻新增长点。2016年，京东方提出“开放两端，芯屏气/器和”的物联网转型战略，由专注半导体显示领域的企业转型为一家物联网公司，为信息交互和人类健康提供智慧端口产品和服务。

2020年11月18日，京东方全球创新伙伴大会上，京东方董事长陈炎顺表示，端口器件是物联时代数据产生和呈现的核心载体，而智慧物联联通数据、构建平台，打造融合应用场景的生态价值链。京东方多年来发展探索的，正是如何在端口器件领域让数据“易于产生 更好地呈现”；在智慧物联领域实现软硬融合、系统整合，与伙伴们共建生态，让数据创造价值。当时，京东方的主营业务分为端口器件、智慧物联、智慧医工三大事业板块。

具体来说，端口器件领域，以技术创新夯实半导体显示核心能力，同时将显示、传感和系统器件核心能力应用到交通、车载、办公、家居、通讯、安防、教育等领域，打造一个从面板到模组到整机再到服务的一体化产业平台。

物联网智慧系统创新领域，2019年，京东方启用智慧系统创新中心这一产业合作平台，该创新中心搭建软硬融合技术开发平台、新型材料与装备产业转化平台、产品与服务营销推广展示平台、国际人才交流与培训平台、开放的技术与市场合作平台这5大平台，聚焦智慧车联、智慧零售、智慧金融、智慧医工、工业互联网、智慧城市公共服务等6大产品，围绕这5大平台、6大产品，与产业伙伴们共建生态。

创新中心在青岛、重庆、成都等城市相继落地；与超过500家合作伙伴在智慧金融、智慧港口、智慧园区、智慧零售、智慧城市公共服务，以及工业互联网等领域开展合作，为超过50个场景类型提供高质量解决方案。

当时，京东方全球创新伙伴大会上陈炎顺还表示，未来将在全国规划10-15家创新中心，通过在创新中心建设5大平台，着重发力6大细分市场，联合开发软硬融合技术，结合产业链投资基金、平台创新投资基金，打造开放生态，形成企业间、伙伴间、产品间、场景间的全新合作供应模式。

2021年上半年，京东方LCD智能手机、平板电脑、笔记本电脑、显示器、电视五大产品市占率均居全球第一。

据京东方2021年半年度报告，京东方的主营业务已调整为包括显示、传感器及解决方案、MLED、智慧系统创新、智慧医工五大事业板块。2021年上半年，京东方的显示事业营收占比为97.57%，该业务也是京东方上半年增长最快的业务，同比增长89.33%，增速快于智慧系统创新事业的56.27%、传感器及解决方案事业的25.66%和智慧医工事业的22.62%。

张　乐　《中国经济评论》杂志主笔

附　录

科技创新大事记

1958年5月17日，毛泽东在中国共产党第八次全国代表大会第二次会议上提出："苏联人造卫星上天，我们也要搞人造卫星，我们也要搞一点，要搞就搞得大一点。"

1964年，中国相继成功发射了第一枚弹道式导弹、爆炸了第一颗原子弹。

1965年1月8日，钱学森建议中国暂停研制的人造地球卫星应该重新上马，并列入国家任务，得到了聂荣臻的赞同。同年5月，周恩来总理指示中国科学院拿出第1颗人造卫星的具体方案。

1970年4月24日，中国发射的第一颗人造地球卫星"东方红一号"在酒泉卫星发射中心成功发射，由此开创了中国航天史的新纪元，使中国成为继苏、美、法、日之后世界上第五个独立研制并发射人造地球卫星的国家。

1975年， 中国成功发射并回收了第一颗返回式卫星，使中国成为世界上继美国和苏联之后第三个掌握了卫星回收技术的国家，为中国开展载人航天技术的研究打下了坚实的基础。

1983年， 中国航天专家陈芳允提出使用两颗静止轨道卫星实现区域性的导航功能，1989年，中国使用通信卫星进行试验，验证了其可行性，之后的北斗卫星导航试验系统即基于此方案。

1992年1月， 中央批准载人航天工程正式上马，并命名为“921工程”。在“921工程”的七大系统中，核心是载人飞船，载人飞船由中国空间技术研究院为主来进行研制。“921工程”正式上马时，中央提出了“争8保9”的奋斗目标，即1998年要在技术上有一个大的突破，1999年要争取飞船上天。

1994年， 中国正式开始北斗卫星导航试验系统（“北斗一号”）的研制。

1994年4月， 北京中关村地区教育与科研示范网络工程进入

Internet，从此中国被国际上正式承认为有Internet的国家。

1996年5月15日，《中华人民共和国促进科技成果转化法》由第八届全国人民代表大会常务委员会第十九次会议通过，自1996年10月1日起施行。

1999年5月，加入3GPP以后，CWTS（中国无线通信标准研究组）作为代表中国的区域性标准化组织，经过4个月的充分准备，与3GPPPCG（项目协调组）、TSG（技术规范组）进行了大量协调工作后，在同年9月向3GPP建议将以我国知识产权为主的、被国际上广泛接受和认可的无线通信国际标准TD-SCD-MA纳入3GPP标准规范的工作内容。

1999年11月20日，中国第一艘无人试验飞船“神舟一号”飞船在酒泉卫星发射中心发射，21小时后在内蒙古中部回收场成功着陆，圆满完成“处女之行”。

2001年，新能源汽车研究项目被列入国家“十五”期间的“863”重大科技课题，并规划了以汽油车为起点，向氢动力车目标挺进的战略。

2001年1月10日，中国在酒泉卫星发射中心成功发射了“神舟二号”飞船。

2002年3月25日，中国在酒泉卫星发射中心成功发射了“神舟三号”飞船。

2002年12月30日，中国在酒泉卫星发射中心成功发射“神舟四号”无人飞船。

2003年9月，中国打算加入欧盟的伽利略定位系统计划，并在接下来的几年中投入了2.3 亿欧元的资金。

2003年10月15日9时整，我国自行研制的“神舟五号”载人飞船在中国酒泉卫星发射中心发射升空。乘坐“神舟五号”载人飞船执行任务的航天员是我国自己培养的第一代航天员杨利伟，在太空中围绕地球飞行14圈，经过21小时23分、60万公里的安全飞行后，他于16日6时23分在内蒙古主着陆场成功着陆返回。

2004年1月，中国的探月计划经过长期准备、10年论证正式立项，被称作“嫦娥工程”。

2005年10月12—17日，我国成功进行了第二次载人航天飞行，也是第一次将我国两名航天员费俊龙、聂海胜同时送上太空。它是中国第二艘搭载宇航员的飞船，也是中国第一艘执行“多人多天”任务的载人飞船。

2006年2月9日，《国家中长期科学和技术发展规划纲要(2006—2020年)》公布，确定到2020年，全社会研究开发投入占国内生产总值的比重提高到2.5%以上，力争科技进步贡献率达到60%以上，对外技术依存度降低到30%以下，本国人发明专利年度授权量和国际科学论文被引用数均进入世界前5位。

2007年10月24日18时05分（UTC+8时）左右，“嫦娥一号”探测器从西昌卫星发射中心，由“长征三号”甲运载火箭成功发射。

2007年11月26日，中国国家航天局正式公布“嫦娥一号”卫星传回的第一幅月面图像。

2008年，新能源汽车在国内已呈全面出击之势。2008年成为我国“新能源汽车元年”。

2008年9月25日，我国第三艘载人飞船“神舟七号”成功发射，三名航天员翟志刚、刘伯明、景海鹏顺利升空。27日，翟志刚身着我国研制的“飞天”舱外航天服，在身着俄罗斯“海鹰”舱外航天服的刘伯明的辅助下，进行了19分35秒的出舱活动。中国随之成为世界上第三个掌握空间出舱活动技术的国家。

2009年，“北斗三号”工程正式启动。

2009年1月7日，中国政府正式向中国移动颁发了TD-SCDMA业务的经营许可，中国移动也已经开始在中国的28个包括直辖市、省会城市和计划单列市进行TD-SCDMA的二期网络建设，预计于2009年6月建成并投入商业化运营。

2009年3月1日16时13分，“嫦娥一号”卫星在控制下成功撞击月球，为我国月球探测的一期工程画上了圆满句号。

2010年1月19日，坐落在上海张江高科技园张衡路239号的国家级大科学装置和多学科的实验平台“上海光源SSRF”顺利通过国家验收。

2010年，我国加大对新能源汽车的扶持力度。2010年6月1日起，国家在上海、长春、深圳、杭州、合肥等5个城市启动私人购买新能源汽车补贴试点工作。2010年7月，国家将十城千辆节能与新能源汽车示范推广试点城市由20个增至25个。

2010年10月1日18时59分57秒，“嫦娥二号”发射。

2011年12月，工信部发布的“物联网十二五规划”将信息处理技术作为四项关键技术创新工程之一提出，其中包括海量数据存储、数据挖掘、图像视频智能分析，这都是大数据的重要组成部分。

2012年6月16日18时37分，“神舟九号”飞船乘“长征二号”F遥九火箭，从酒泉卫星发射中心腾空而起。这是长征火箭的第165次发射，也是“神舟”飞船的第四次载人飞行。中国航天员景海鹏、刘旺、刘洋将第一次入住“天宫”。

2012年7月，为挖掘大数据的价值，阿里巴巴集团在管理层设立“首席数据官”一职，负责全面推进数据分享平台战略，并推出大型的数据分享平台——“聚石塔”，为天猫、淘宝平台上的电商及电商服务商等提供数据云服务。

2012年11月8日，中共中央召开的“十八大”明确提出：“科技创新是提高社会生产力和综合国力的战略支撑，必须摆在国家发展全局的核心位置。”强调要坚持走中国特色自主创新道路，实施创新驱动发展战略。这是我们党放眼世界、立足全局、面向未来做出的重大决策。

2012年12月7日—11日，习近平总书记在广东考察工作时指出，国际经济竞争，甚至综合国力竞争，说到底就是创新能力的竞争。谁能在创新上下先手棋，谁就能掌握主动。

2012年12月15日，习近平总书记在中央经济工作会议上强调，创新的实质效果是优胜劣汰、破旧立新。我们要着力构建以企业为主体、市场为导向、产学研相结合的技术创新体系，注重发挥企业家才能，加快科技创新，加强产品创新、品牌创新、产业组织创新、商业模式创新，提升有效供给，创造有效需求。

2013年3月4日，习近平总书记在参加全国政协十二届一次会议科协、科技界委员联组讨论时强调，实施创新驱动发展战略，提高自主创新能力是关键环节，而提高自主创新能力需要从体制机制等多方面来保证。

2013年3月15日，由中国科学院物理研究所和清华大学物理系的科研人员组成的联合攻关团队，经过数年不懈探索和艰苦攻关，成功实现了“量子反常霍尔效应”。这是国际上该领域的一项重要突破，该物理效应从理论研究到实验观测的全过程都是由我国科学家独立完成。

2013年12月，“嫦娥三号”成功落月。

2014年3月14日，“大数据”这个词首次出现在我国政府工作报告中。报告指出，要设立新兴产业创业创新平台，在大数据等方面赶超先进，引领未来产业发展，“大数据”成为国内热议词汇。

2015年3月13日，中共中央国务院出台《中共中央国务院关于深化体制机制改革加快实施创新驱动发展战略的若干意见》，指导深化体制机制改革，加快实施创新驱动发展战略。

2015年8月24日，提请十二届全国人大常委会第十六次会议进行二审的《促进科技成果转化法修正案草案》规定，国家设立的研究开发机构、高等院校转化科技成果所获得的收入全部留归本单位，在对完成转化职务科技成果做出重大贡献的人员给予奖励和报酬后，主要用于科学技术研究开发与成果转化工作。

2015年8月29日，第十二届全国人民代表大会常务委员会第十六次会议通过关于修改《中华人民共和国促进科技成果转化法》的决定。

2015年8月31日，国务院正式印发《促进大数据发展行动纲要》。《纲要》明确强调大数据发展和应用，在未来5至10年构建以人为本、惠及全民的民生服务新体系，培育高端智能、新兴繁荣的产业发展新生态，标志着大数据正式上升为国家战略。

2015年9月24日，中国政府网公布中共中央办公厅、国务院办公厅印发的《深化科技体制改革实施方案》，为建成更加完备的国家创新体系、进入创新型国家前列奠定坚实基础。

2016年1月11日，准东—皖南(新疆昌吉—安徽宣城)±1100千伏高压直流输电工程开工建设，是目前世界上电压等级最高、输送容量最大、输送距离最远、技术水平最先进的特高压输电工程。

2016年2月26日，国务院印发实施《促进科技成果转化法》若干规定。

2016年4月21日，国务院印发实施《促进科技成果转移转化行动方案》，对激励科技成果转移转化做出一系列新规定。

2016年5月，《国家创新驱动发展战略纲要》由中共中央、国务院发布，自2016年5月起实施。

2016年5月30日，全国科技创新大会、中国科学院第十八次院士大会和中国工程院第十三次院士大会、中国科学技术协会第九次全国代表大会在人民大会堂隆重召开。习近平总书记在会上向全党全国发出了建设世界科技强国的号召。他强调，科技兴则民族兴，科技强则国家强。实现“两个一百年”奋斗目标，实现中华民族伟大复兴的中国梦，必须坚持走中国特色自主创新道路。

2016年6月，世界首台峰值运算能力超过每秒10亿亿次、拥有千万核的超级计算机“神威·太湖之光”诞生，此后连续四次雄踞“全球超级计算机500强”榜首，蝉联两届乌镇互联网大会“世界领先科技成果”奖；同年11月，基于该系统的应用成果折桂“戈登·贝尔奖”，实现该奖项创办近三十年来我国“零的突破”。从此，在国际高性能计算及其应用领域，中国拥有了独立话语权。

2016年7月14日，中国科学技术大学合肥微尺度物质科学国家实验室王征飞教授与美国犹他大学刘锋教授，清华大学薛其坤院士、马旭村研究员，中科院物理所周兴江研究员合作，首次发现了铁基高温超导材料中的一种新型一维拓扑边界态，该成果在线发表于《自然-材料》杂志。

2016年7月15日，“复兴号”以超过420公里的时速在郑徐高铁上交会，创造了高铁列车交会速度的世界新纪录。

2016年7月31日，中共中央办公厅、国务院办公厅联合印发《关于进一步完善中央财政科研项目资金管理等政策的若干意见》，推出了下放预算调剂权限、明确劳务费开支范围等多项新规，使经费配置更科学、使用更灵活。

2016年8月8日，国务院印发了《“十三五”国家科技创新规划》的通知，明确了“十三五”时期科技创新的总体思路、发展目标、主要任务和重大举措。《规划》确立了科技创新发展新蓝图，部署启动新的重大科技项目。

2016年9月25日，500米口径球面射电望远镜落成启用，平塘大射电景区（大射电观景台、平塘天文科学文化园）于9月26日起试运营。

2016年10月，工信部发布了《中国区块链技术和应用发展白皮书（2016）》，总结了国内外区块链发展现状和典型应用场景，介绍了国内区块链技术发展路线图及未来区块链技术标准化的方向和进程。

2016年11月3日20时43分，中国最大推力新一代运载火箭“长征五号”从中国文昌航天发射场点火升空。

2016年11月7日，中共中央办公厅、国务院办公厅联合印发的《关于实行以增加知识价值为导向分配政策的若干意见》明确提出，通过稳定提高基本工资、加大绩效工资分配激励力度、落实科技成果转化奖励等激励措施，稳步提高科研人员的收入。

2016年12月，印发《“十三五”国家信息化规划》,《规划》将“到2020年，数字中国建设取得显著成效，信息化能力跻身国际前列”定为目标，并首次将区块链技术列入国家级信息化规划内容。

2017年1月9日，在国家科学技术奖励大会上，由中国移动通信集团公司、工业和信息化部电信研究院、电信科学技术研究院、华为、中兴、展讯等14家单位共同承担的“第四代移动通信系统（TD-LTE）关键技术与应用”项目荣获2016年度国家科学技术进步奖特等奖。

2017年1月17日，大数据“十三五”规划发布,《规划》涉及的内容包括支持服务业利用大数据建立品牌、精准营销和定制服务等，确定了大数据对于服务型产业具有推动力。

2017年3月5日，国务院总理李克强发表2017年政府工作报告，指出要加快培育、壮大包括人工智能在内的新兴产业，“人工智能”首次被写入了全国政府工作报告。

2017年5月5日，中国首款国际主流水准的干线客机C919在上海浦东国际机场起飞。

2017年5月31日，国务院印发《关于深化科技奖励制度改革的方案》《关于深化科技奖励制度改革的方案》，是为全面贯彻落实全国科技创新大会精神和《国家创新驱动发展战略纲要》，进一步完善科技奖励制度，调动广大科技工作者的积极性、创造性，深入推进实施创新驱动发展战略而制定的。

2017年7月20日，为抢抓人工智能发展的重大战略机遇，构筑中国人工智能发展的先发优势，加快建设创新型国家和世界科技强国，国务院印发了《新一代人工智能发展规划的通知》（以下简称“规划”）。在规划中提到，到2020年，人工智能产业成为新的重要经济增长点，到2025年，人工智能成为中国产业升级和经济转型的主要动力。

2017年10月18日，习近平总书记在“十九大”报告中指出，加快建设创新型国家，要瞄准世界科技前沿，强化基础研究，实现前瞻性基础研究，引领原创性成果重大突破。

2017年11月5日，中国第三代导航卫星——“北斗三号”的首批组网卫星（2颗）以“一箭双星”的发射方式顺利升空，它标志着中国正式开始建造“北斗”全球卫星导航系统。

2017年11月27日，世界首只体细胞克隆猴“中中”在坐落于上海市徐汇区岳阳路的中科院神经科学研究所诞生。8天之后，第二只克隆猴“华华”也在这里顺利诞生。国际生物学顶尖期刊《细胞》（*Cell*）以封面文章的形式在2018年1月25日发表了此项成果。

2018年3月5日上午，十三届全国人大一次会议在人民大会堂开幕，国务院总理李克强做政府工作报告。报告提出：发展壮大新动能。做大做强新兴产业集群，实施大数据发展行动，加强新一代人工智能研发应用，在医疗、养老、教育、文化、体育等多领域推进“互联网+”。发展智能产业，拓展智能生活。运用新技术、新业态、新模式，大力改造提升传统产业。加强新兴产业统计。这是继2017年后，“人工智能”再次被写入政府工作报告。

2018年5月，工信部信息中心正式发布《2018年中国区块链产业发展白皮书》。

2018年5月28日，在中国科学院第十九次院士大会、中国工程院第十四次院士大会上，习总书记强调：实践反复告诉我们，关键核心技术是要不来、买不来、讨不来的。

2018年6月14日上午，习近平总书记来到济南高新区，考察浪潮集团高端容错计算机生产基地。总书记指出，要坚持把发展基点放在创新上，发挥我国社会主义制度能够集中力量办大事的制度优势，大力培育创新优势企业，塑造更多依靠创新驱动、更多发挥先发优势的引领型发展。

2018年12月8日，“嫦娥四号”探测器在西昌卫星发射中心由“长征三号”乙运载火箭发射。

2018年12月26日，“北斗三号”基本系统开始提供全球服务。

2019年9月，北斗系统正式向全球提供服务。

2019年10月21日至22日，被袁隆平看作突破亩产1200公斤“天花板”关键的第三代杂交水稻在湖南省衡阳市衡南县清竹村以首次公开测产方式全面亮相。

2019年10月24日，中央政治局第十八次集体学习时强调，把区块链作为核心技术自主创新的重要突破口，明确主攻方向，加大投入力度，着力攻克一批关键核心技术，加快推动区块链技术和产业创新发展。

2019年10月31日，在中国国际信息通信展览会上，工信部与三大运营商举行5G商用启动仪式。工信部副部长陈肇雄在2019年中国国际信息通信展览会开幕论坛上，宣布5G商用正式启动。

2020年7月31日上午10时30分，“北斗三号”全球卫星导航系统正式开通。

2020年10月8日，为推进粤港澳大湾区建设，结合本地促消费政策，深圳市人民政府联合人民银行开展了数字人民币红包试点。

2020年10月15日，在中国国际信息通信展同期“ICT中国·2020高层论坛”举办的5G信息生态发展论坛上，中国通信企业协会副秘书长李北林表示，截至9月底，全国已经建设超过60万个5G基站。

后 记

科技创新的新征程

过去数百年，技术进步的速度一直在加快，科技创新走过的旅程及其背后的新思维，是世界上最伟大的故事之一。在这个未完待续的故事里，创新思维使人类基于前人的工作，不断打造出新的、更强大的工具，循环往复、生生不息。

当今世界，百年未有之大变局加速演进，科技创新成为国际战略博弈的主战场。努力实现高水平科技自立自强成为时代赋予的重大使命。

如今，世界第二大研发投入国，全球创新指数排名第十四位，不断涌现的科技成果，都是中国自主创新的有力注脚。

但不容忽视的是，我国基础科学研究短板依然突出，企业对基础研究重视不够，底层基础技术、基础工艺能力不足。从国际角度看，美国商务部和其他机构对中国施加技术出口管制，许多中国大型科技企业被禁止购买美国技术或接受美国投资。关键技术受制于人，足以使一个企业甚至行业遭受灭顶之灾。

技术方面想迎头赶上，不再受制于人，唯有自救。正是为了让人们更好地了解我国科技创新现状，编者为大家撰写了这本思想深远、可读性强的《破局一中国科技创新的道路与选择》。相信这本书可以让人们对科技创新的关键要素有更好地把握，对我国科技创新的道路有更深地思考。

人才在国际科技竞争中起关键性作用。打破不利于人才流动的体制机制障碍，破除国内不同所有制间的人才流动壁垒以及科研院所的“官僚化”倾向。美国长期占据全球科技创新的霸主地位，与顶尖科技人员的持续流入密不可分。美国硅谷人才将近40%为外籍人士，其中中国人和印度人大约各占三分之一，这些人才为美国的科技领先地位做出极大贡献。这给我们的启示是，要加大对研发人才的经费支出，以更好的科研环境、扶持资金、配套政策、文化和生活氛围吸引全球顶尖人才来中国从事创新工作。

科技创新不仅要增加国家投入，还要充分调动各方资本力量。完善基于法制和信用的多层次资本市场体系，加强信息披露，使资本市场真正发挥对生产要素的定价功能。带动天使资本、风险投资、私募股权的发展，完善科技转化全生命周期的金融支持。

推进科技体制改革，形成支持全面创新的基础制度。评价、制度改革等基础改革要放在重点位置，评价导向坚持质量、绩效、贡献为核心，对成果创新水平、转化应用绩效和其为社会做出的实际贡献有全面正确的反映。完善知识产权保护机制、激励政策和专利分配体系，提高科技成果转化率。

科技创新要尊重科技发展的内在规律，摒弃急功近利。科技创新，尤其是基础领域的研究探索，离不开科技人员持久的时间投入。无论是对未知世界、未知领域的探索，还是攻克产业内“卡脖子”难题，都对基础研究提出更高的要求，也要求科技工作者更加注重提升原始创新能力，久久为功，更多实现“从0到1”的突破。

落实好“竞争中性”原则，进一步激发各类市场主体的活力。对国有部门和私营部门在产业政策、市场准入政策、科技支持政策以及法律法规等方面一视同仁，积极探索政府、国有部门、私营部门在关键技术研发的合作模式，从而私营部门可获得更多政策支持和参与国家级科研工程的机会。

积极支持、鼓励节约资源和节约成本的各类技术创新。更加重视以成本控制为导向，尽可能减少科技创新领域“一拥而入”和“一哄而散”导致的巨大浪费，提高我们在国际技术竞争领域的成本优势。

我们需要正视差距，主动谋划，提前布局，办好自己的事。不闭门创新，以全球视野用好国际创新资源。唯有此，我们才能不断突破，实现科技从跟跑到领跑的跨越。

编者在此感谢中国人民大学副校长刘元春，南开大学新闻与传播学院院长刘亚东，清华大学技术创新研究中心主任陈劲，中国社科院工业经济研究所研究员贺俊，北京联合大学管理学院副教授黄艳，国家知识产权局知识产权发展研究中心主任韩秀成，国家知识产权局知识产权发展研究中心实习研究员李奕霏，中国科学院计算技术研究所研究员倪光南，中芯国际创始人之一谢志峰，深圳光启高等理工研究院院长刘若鹏，远川研究所董世敏、杨健楷，澳盈资本合伙人肖毅，天鹰资本合伙人陈越等接受我们的约稿和采访。